后浪

# 学会花钱

## お金はサルを進化させたか

[日] 野口真人 (Noguchi Mahito) 著
谷文诗 译

江西人民出版社
Jiangxi People's Publishing House
全国百佳出版社

# 序　言　“你花钱明智吗？”

巧妙地花一笔钱和挣到这笔钱一样困难。

——比尔·盖茨

“你花钱明智吗？”

如果被问到这个问题，有多少人可以自信地点头回答呢？

我们每天都在花钱。即使不使用现金，也可以刷信用卡购物，可以从存款账户中扣减健身房的会费。人们无法避免花钱这件事。

你还记得自己第一次买东西的那一天吗？

可能是紧紧攥着零花钱，到附近点心店的那一天；可能是用积攒的压岁钱买下游戏机的那一天。正是在那一天，你真切感受到，只要付了钱，就可以拥有自己喜欢的东西，着实是无比快乐的。

从点心、果汁、游戏机，到自行车、衣服、鞋子，甚至是汽车、住宅，随着我们逐渐长大，购买物品的种类涉及方方面面，单次支付的金额也逐渐增加。我们不只购买自己想要的东西、必要的东西，还会为将来存钱，也会投资理财产品。

我们虽然完全习惯了花钱这件事，但面对开头的问题，还是无法回答。

回顾过去，我们会发现，人类关于金钱使用方法的技术、知识积累，以及经验教训的共享，迟迟没有进展。1637 年，荷兰发生了郁金香球茎的投机“泡沫”，很多人因此破产。之后，经济泡沫虽然改换了发生的地点和名称，但规模和造成的破产人数一直都在增加。直至现代，经济泡沫仍在不断发生。

“经济泡沫一定会破裂”，大部分破产者都深知这一点，但还是会有人坚信“自己不会有事”。人们一直在重蹈覆辙。

“一定能赚钱”，这种无论怎么看都很可疑的投资口号，总是有人会轻信，并因此上当受骗，蒙受巨大损失。虽然证券公司的销售人员在推销理财产品时，禁止用“一定能赚钱”这种宣传语，但世界上还有很多人在用这句台词劝别人投资。

听到这句台词时，你恐怕也曾反复浮现过一个疑问：“劝别人投资的人，为什么不自己去投资呢？”但往往这些人可以巧妙地回答这个问题，所以当有人推销“一定能赚钱的投资”时，我们最终还是会上当。

可能是渴望轻松挣钱的想法在作祟，笔者写作本书时，曾在网上搜索，发现书名中包含“一定赚钱”这个词的书籍有 224 种，打着“必胜法”旗号的书籍有 5828 种。后者中大部分和柏青哥[①]有关。有些人明知无法取胜，却还是拿钱去赌博，这种人即使在今天也丝毫没有减少的迹象。

那么，是不是变成有钱人就可以和金钱相处融洽了呢？好像并非如此。即使是暂时积累下万贯家财的知名人士，等他们回过神来，发现自己积蓄见底，也可能去诈骗，最终误了自己的一生。我们也经常听说，中了彩票一夜暴富的人，领奖之后却过得并不幸福。

这样看来，我们目前还没有能力驯服金钱，甚至可以说，人们一直受

① 柏青哥：日本一种弹子赌博游戏。——译者注（后文未特别注明，均为译者注）

金钱的摆布。这种想法有些悲观，但我们可以试着换一种思维方式。

在人类漫长的历史中，使用金钱是很晚近的事情，我们对于金钱的使用方法还不熟练。这样想如何？我们从猿猴进化为人，大约经历了20万年，而使用金钱的历史还不足3000年。

希腊神话开始于公元前15世纪，在那个时代，对于人类来说，最强的武器是“火”。我们都知道普罗米修斯的故事。

将拥有创造天地能力的“神之火焰”，交给人类这种不成熟的存在，这件事在众神中是个禁忌。但是，普罗米修斯违背了宙斯的命令，他相信人类得到火种后会变得更加幸福，于是将火种交给了人类。

得到火种的人类，虽然创造了文明，但也正如宙斯预言的，他们使用火制造武器，相互战争。曾是猿猴的人类，得到火种之后虽然变得更有智慧，但有时却比猿猴还要愚蠢。

接着，一个对人类来说可以与火匹敌、强大又危险的工具登场了。这个连发展了自然物理学和数学的古希腊人都想象不到的工具，就是本书的主题：金钱。

现存最古老的铸币，是公元前7世纪吕底亚王国铸造的狮币①。下面我们简略回顾一下货币的历史。

最初，我们进行物物交换，但物物交换很不方便，为了克服不便，我们开始使用“宝贝”② 等贝类、谷物作为代替物交换。随着时代推移，我们开始使用青铜、铁、铜以及金、银等金属，最终出现了金属铸造的货币。金属铸币始于公元前7世纪，即近3000年前。

货币登场至今，已经经历了近3000年，职能范围也发生了扩展，在支付手段的基础上，增加了价值尺度和贮藏手段的职能。

① 狮币：Electrum，吕底亚王国铸造的金银合金铸币。
② 宝贝：宝贝科海生螺总称，古代曾做货币使用。

货币价值尺度的职能是最近才开始出现的。江户时代，“石高”[①]是衡量大名[②]权力与财富的尺度，但在江户时代以前，衡量的尺度是布匹。

原本，价值的种类有很多，如稀缺价值、文化价值、美学价值、存在价值等，每一个都特点鲜明，无法用金钱衡量。这些价值虽然没有消失，但是现在，文化遗产、月球上的土地、二氧化碳排放权，甚至是人的生命，都有标价，各种价值正在逐渐汇集为“货币价值”。

金钱作为贮藏手段，也给人类带来了一些好处。若我们将来遭受灾难，金钱可以帮我们规避风险。远古时候，人们当天捕获的猎物只能当天消费掉。金钱出现后，人们就可以把吃不完的猎物卖给其他人，把获得的金钱储存起来，在饥饿的时候用来购买食物。

可以说，金钱使人们认识到未来的不确定性，在金钱出现之前，我们从未想过这一点。我们从努力过好当天的生活，发展到开始思考如何使自己整个人生的幸福最大化。现代人缴纳养老金、储蓄、购买生命保险，都是为了应对不确定性。

再次翻阅历史，我们会发现，不确定性作为概率论这门学问被人们接受始于 17 世纪。在此之前，我们认为所有事情都由神来决定，人类不用担心不确定性和偶然性。

人们想要避开不确定性，但有时也会为了快速发财，明知赌博具有不确定性，仍然对其兴致勃勃。人们不可避免地会面对不确定性，它是影响人生的一个重要因素，而我们意识到这一点只有区区 400 年。

和普罗米修斯的火种一样，金钱对于人类来说也是还没能熟练使用的工具。

让我们回到开头的问题。笔者认为，人类之所以还没有熟悉“使用金

① 石高：官定米谷收获量，在日本江户时代表示土地单位的米谷公定收获量，用来代表大名或武士的俸禄额。

② 大名：日本古代对封建领主的称呼，江户时代，大名主要是指藩主。

钱的方法”，是因为不习惯将金钱作为价值尺度和贮藏手段。

首先，我们不知道合理推断货币价值的方法。其次，我们还没有确立起应对不确定性的正确方法。可以说，这两点就是无法明智使用金钱的主要原因。

针对第一点，我们建立了金融理论和金融工程学，用来推测物品、服务、项目和企业的货币价值。针对第二点，我们发展出概率论、统计学、行为经济学等学科。

金融理论、金融工程学、概率论、统计学、行为经济学彼此之间关系密切。纵观这些理论，笔者将前人关于“物品、项目的价值”“不确定性”“关于金钱的心理”等知识进行系统地总结，试图回答“如何明智地使用金钱”这一问题。这就是本书的内容。

这些智慧并不是万能的，这一点自不待言。而且，正如本书将要阐明的，和金钱相关的决策与人的心理密切相关，所以，即使具备理论和方法，也不一定能够做出合理的判断。

虽说如此，但从猿猴进化成人、拥有了金钱的我们，是无法再次变回猿猴的，因此，我们应该学习掌握前人积累下来的智慧。

本书并不会详细论述各种理论和方法，而是以个人在日常生活中必须具备的金钱智慧为焦点。这也是为什么本书自诩“日常经济学”。当然，要在商业世界里幸存下来，这些知识是必不可少的。

本书的关键信息是“为了拥有更加充实的人生，我们不能被金钱摆布，我们要控制它”。

虽说要控制金钱，但本书并不包含“必定赚钱的投资术”。我也丝毫不打算提倡简单的拜金主义。在电影《华尔街》中，投资家戈登·盖柯曾提倡“greed is good”（贪婪是好东西），这种思想备受赞扬的时代早已过去。

但本书也并不是一味崇尚朴素节俭的道德书。在这个时代，气候异常、地震频发、经济危机蔓延，不确定性达到空前的程度，为了保护自己，没有金钱是万万不能的。

如何有效地使用有限的金钱，如何适当地投资自己，使自己成长，使人生更丰富多彩呢？

如果本书能将这些智慧和更多的人共享，能够为读者提供一点帮助，对笔者来说，真的是无上的喜悦。

# 目　录

Chapter 1

# 一流投资家的判断和主妇相同
## ——价值和价格

一位母亲看到优衣库的开司米 V 领毛衣标价 5990 日元，嘴里嘟囔着“好划算呀”，顺手拿起 4 件放进购物筐里。

美国的投资家沃伦·巴菲特（Warren Buffett）曾以每股 5.22 美元的价格，收购了 10.2 亿美元的可口可乐股票，并且满足地感叹“做成了一笔不错的投资”。

不管是这位母亲还是巴菲特，在决策的过程上，可以看作是一样的。母亲对比了开司米毛衣的“价值”与“价格”，巴菲特对比了可口可乐股票的“价值”与“价格”，他们都认为商品的价值高于它的价格，非常划算，所以才购买。这里说的价值，就是“货币价值”。

巴菲特依靠大量收购关注的股票并长期持有、不抛售的手法，成为世界排名第二的富豪，被认为是世间少有的投资家。

1998 年，巴菲特投资可口可乐，被认为是体现他投资手法的典型案例。巴菲特分析了可口可乐的收益能力与成长空间，认为当时每股 5.22 美元，是人们低估了可口可乐的价值。

他认为可口可乐股票真正的价值高于市场价格，毅然买了 10.2 亿美元可口可乐股票。巴菲特当时认为：虽然现在的市场价格过低，但迟早市场参与者会认可可口可乐股票的真正价值并购买，那时股价就会上升。

2014 年 10 月，可口可乐股票为每股 42 美元，是巴菲特投资时的 8 倍。

对于投资可口可乐，巴菲特这样说道："我们也许多少可以预计到，十年后可口可乐的业绩增长的幅度。但是，我确信经过长期持续投资，它将领先于全球其他企业。因此，我必须拥有它。二十年后，可口可乐的经营者可能会更替换代。即便如此，可口可乐的优越性也不会动摇，所以，我投资它。"

他还说："如果你们想问我今早买入可口可乐股票、明早将其抛售这种做法的风险大小，我只能回答，风险极大。"

明天的股价将如何变化，只有神知道。哪怕是极富预见性的稀世投资家也没办法预测。

巴菲特这种长期持股、不因短时间内的股价变化时喜时忧的做法，虽可称作是股票投资的王道，但并不是常人可以轻易效仿的。普通人遇到股价上涨，就会想着出售获利；遇到股价下跌，就会犹豫是不是应该赔本抛售。

但是，正如本章开头所述，仅就决策这一点来看，巴菲特并没有什么特别之处。

## 我们通过共同的机制进行决策

任何人在花钱的时候，无论是否意识到，都是通过共同的机制进行决策的。我们可以想象雨天必须拜访客户时的情景。

从公司步行十分钟到车站，然后乘坐地铁，出了地铁站再步行五分钟到达客户的公司。一来一回，有三十分钟必须冒雨行走。

无论从体力上还是从精神上来说，都不是件轻松的事。于是，我们会考虑是否要打车。打车往返虽然会花费 3000 日元，但是可以避免体力和精神上的负担，所以没有关系——我们或许会做出这样的判断。

这时，我们就在无意识中，判断规避负担的"价值"和 3000 日元的"价格”相比是否划算。

可见花钱的决策机制非常简单，决定因素就是我们得到的价值是否大于支出的金钱（价格）。

“价值”大于“价格”时就购买；“价值”小于“价格”时就暂时观望。原则非常简单，我们必须考虑的是，如何弄清楚价值与价格。关于这一点，我们必须掌握相关技巧去有意识地判断。

## 对价值与价格的思考

我们可以举个例子来说明价值与价格。比如，一位供职于东京丸之内某商社会计部的三十多岁的女性，在一个假日记下了这样的日记：“也许是昨天加班太累了吧，今天早晨起床已经十点多了。肚子有点饿，就到附近的咖啡馆，花 1500 日元悠闲地享受了一顿早午餐。下午和工作上的朋友相约碰面，之后一起去了我每周都会去的那间料理教室，学会了处理鱼的三片刀法[①]。傍晚去了专修学校，认真学习了两个小时。为了拿到簿记二级的证书，我从春天开始一直在这间学校上课。下课之后，一个人吃完晚饭，坐车到离家最近的车站，正打算回家，突然看到年末巨奖彩票的摊点。虽然心里想着‘不可能中奖吧……’，还是花 3000 日元买了 10 张，然后才回家。”

这位女性工作出色，生活也很充实。但笔者对她的生活并没有兴趣，笔者想深究的是她对钱的使用方式。

她为人踏实、可靠，平时一直都在记账，关于今天的支出，她是这样记录的：

① 三片刀法：切除鱼头后，将脊椎骨及其两侧的鱼肉分切为三片的刀法。

| | |
|---|---|
| 餐费 | 2500 日元 |
| 午餐 | 1500 日元 |
| 晚餐 | 1000 日元 |
| 教育费 | 13000 日元 |
| 料理教室 | 3000 日元 |
| 簿记专修学校 | 10000 日元 / 每次 |
| 其他费用 | 3000 日元 |
| 彩票 | 3000 日元 |

支出的项目分成三类，但记录时都归类为“费用”一项。因为在会计的世界里，费用是指货币的减少，所以她的资产今天减少了 18500 日元。这在会计上是正确的。但是，每次花钱，她所持有的货币价值都会减少吗？

## 分成三份的钱包

金融的世界不同于会计的世界。在金融的世界里，她的钱包被分为三种类型，分别是“消费”“投资”和“投机”。我们将她的支出款项做如下整理：

消费钱包：午餐费、晚餐费和料理教室的学费

投资钱包：簿记专修学校的学费

投机钱包：彩票

我们首先对消费钱包进行说明。所谓消费，是指“为了满足欲望而消耗资产、服务（商品）”的行为。

为了满足食欲而吃饭，为了放松心情而去咖啡馆喝一杯欧蕾冰咖

啡[1]，支付的相应费用就是消费支出。

料理教室也是如此。如果将其定位为满足学做菜、和朋友见面等个人欲望的场所，它的学费就可以算作消费。这种感情上的满足程度被称作“效用”。

我们会评估从某种商品中获得的效用，估算它的价值。如果商品实际价格低于预估的价值，就称得上是物美价廉，我们便会欣然买下。如果商品定价高于效用，我们就会买得心不甘情不愿，或者干脆不买。

## 沙漠中的水值多少钱

所谓的效用，是指情感的满足程度。因此，具有很高的个人主观性。

通常，对于生活资料，人们从相同的商品获得的效用是相同的，所以购买便宜商品的行为非常合理。如果一盒泡面在家附近的便利店卖 200 日元，在稍远一点的折扣店只卖 170 日元，几乎所有的人都会去折扣店购买。

但是，有些人工作忙到连吃晚饭的时间都没有，加班到很晚才回家，他们买食物时，可能会选择离家最近的便利店。

由此看来，生活资料的效用并不单单由价格决定，它还受到购买者身处的状况、价值观等多种因素的影响。

我们可以举一个极端的例子。一个人被困在沙漠中三天，最后一点救命水也喝完了，这时候他也许会说，如果能得到一瓶矿泉水，他愿意出价 100 万日元。通常，矿泉水只要 130 日元。

兴趣爱好更是能显著体现情感上的满足程度。大家知道世界上最贵的一枚邮票卖到多少钱吗？

① 欧蕾咖啡：Cafe Au Lait，法式牛奶咖啡，也作列昂咖啡。

2014年3月24日，英国苏富比拍卖行宣布，将拍卖一枚1856年在南美洲的英属圭亚那地区（现在的圭亚那共和国）印刷的1便士邮票，预计将以1000万至2000万美元的价格成交。这枚邮票被称为世界上最贵的邮票。

对集邮家来说，这枚1便士的邮票有其独特的价值。但是，如果一个看不出邮票价值的人，在给朋友寄明信片时刚好缺一枚1便士的邮票，他翻箱倒柜好不容易找到这枚邮票，也许会毫不犹豫地把它贴在明信片上。

## 日常生活中有许多种投资

下面，我们来思考一下第二个钱包——“投资”。在前文那位女性的例子中，既然都是学费，为什么料理教室的学费属于消费，而簿记专修学校的学费属于投资呢？

在经济世界中，投资是指“为了增加将来的资本（生产能力），而投入现有资本的活动”。

上面那句话可能有些难以理解，我们换一种相对简单的说法。投资就是“我在某个对象上花了100日元，期待它日后可以带给我多于100日元的回报”。

她在休息日还学习簿记，是为了通过公司专业职位①的晋升考试。她要从现在的一般职位②转为专业职位，必须通过公司内部考试。而报考资格是“取得簿记二级以上证书”。

转为专业职位后，要承担责任更大的工作，会有下属，基本工资会增加5万日元，奖金更不是现在可以相比的。

---

① 专业职位：日企中要求高度的专业知识或技能的特定职位。

② 一般职位：日企中未经各地轮值、在晋升方面有一定限制的职务种类。

也就是说，每次付给簿记专修学校的 1 万日元，如果顺利的话，可能会带来几十倍甚至几百倍的回报。

## 利用现金流量判断投资价值

上文中的女性到簿记专修学校上课，是因为考虑到“将来产生的金钱”，而不是个人的效用。在金融的世界里，“将来产生的金钱”被称为“现金流量”，它指的并不是存在于当下的现金，而是为了表现出资金进进出出的动态，使用了“流”这个字。

某项投资能带来多少货币价值，是基于其将来产生的现金流量的数额。这是金融世界的观点。这个观点非常重要，笔者在第二章会详细说明。

再举一例。某人打算报名英语培训课程，正在犹豫选择哪一家。A 培训学校的课程是一对一教学，商务英语课程学费为 30 万日元。B 校是集体教学，日常会话课程学费是 10 万日元。

这时候就需要考虑 A、B 两所学校将会为此人带来怎样的现金流量，这个现金流量就是它们各自的价值。将未来现金流量的价值和 30 万日元或 10 万日元的价格进行比较，当价值高于价格时就购买，即决定到该校上课。

如果此人就职于拥有国际业务的著名公司，通过掌握商务英语，可以预计到将来自己会因精通英语而被授予责任更大的工作，那么他应该会毫不犹豫地选择 A 校。

如果此人就职的公司主要业务在国内，他学英语是为了公司内部的升职考试，中等程度的英语水平就足够了，那么他应该会选择学费相对便宜的 B 校。

在商务世界，“投资”这个词一般用于“新项目投资”“研究开发投资”“设备投资”。就个人而言，“投资”这个词一般用于“股票投资”。

不仅如此，最近“投资”还被用在日常生活的各个方面。希望自己永远年轻貌美的女性，把去健身房、使用昂贵的化妆品称作“对自己的投资”。

虽然这种说法有些俗气，但是保持年轻貌美有时的确可以在将来产生现金流量，只就这种情况来说，确实可以称作对自己的投资。

想要演主角的女演员、想要嫁给意中人的女性，对她们来说，花钱使自己更年轻、更漂亮就是投资。

如果为了满足自己“无论如何都想一直很漂亮”的愿望而去健身房，就是在追求“效用”（情感上的满足程度），属于消费。

选择投资还是消费，是个人的自由。但是，当我们花一笔钱时，还是尝试考虑一下选择哪一个比较好。笔者认为，特别是在我们投资时，必须设想将来现金流量会怎样变化。

三个钱包中的最后一个是“投机钱包”。这里，笔者将彩票划在“投机钱包”中。

“投机”原本是佛教用语，意思是彻底大悟。与“投机”相对应的英语是 speculation，含有思索、推测之意。这个词被转用到经济学中，意思变成了“在恰当的时机，投入资产、购买商品”。

## 投机的定义发生了改变

现在，“投机”的含义进一步发生变化。说起“投机”，指的是“做好会亏损的思想准备，挑战一下，看是否能够获得比付出的金钱更多的回报”。

典型例子就是赌博。竞轮[①]、赌马、轮盘、麻将、扑克、柏青哥，甚至彩票、六合彩等都可以归类为投机。

① 竞轮：日本政府许可的自行车赛赌博。

前文中的女性，怀着“花 3000 日元没准能中 3 亿日元”这种淡淡的期待，购买了彩票。她觉得损失了 3000 日元也无所谓。我们并不能说买彩票这件事本身满足了她的欲望，所以不能算作消费。

在消费、投资、投机三个钱包中，笔者想再对投资与投机的不同稍作说明。两者都是花费金钱，期待更多回报的行为，因此，它们的区别比较难以理解。

一般来说，“投机”这个词，很多时候作为投资的反义词，具有否定投资的含义。比如债券信用评级时，将无法偿还本金的不确定性（风险）很高的债券评为投机级债券。这时，投资与投机的区别在于，投资风险低，投机风险高。

但是，仍没有明确的区分标准告诉我们，到哪里为止是投资，从哪里开始是投机。

前文提到，投资是指“我在某个对象上花了 100 日元，期待它日后可以带给我多于 100 日元的回报”。

也就是说，投资是“可以预计到，与投入的金钱相比，将来回报（利益）的期望值（均值）会有所增加”。

那位女性相信，交给簿记专修学校的钱，今后会几十倍、几百倍地回报给自己，所以才会投入资金。

商务世界中的投资也是如此。比如，企业投资建设工厂，经营者相信工厂会创造出高于投入的现金流量。投资还指投资对象自身有“挣钱能力”。工厂有生产产品的能力，产品可以变成金钱。例子中的女性去簿记学校学到的知识，在她的工作中也会创造出现金流量。

## 赌博很难连胜

与投资相对，投机是指“与投入的金钱相比，将来回报（利益）的期望值（均值）不会有所增加”。

彩票、六合彩、赌马、竞轮、轮盘等赌博活动，奖金总额一定小于赌资总额。庄家（主办者）将赌博当作生意，奖金总额小于赌资总额是理所当然的。奖金总额与赌资总额的比率叫作分红率，多数情况下这个比率是提前确定好的。彩票的分红率为 50%，赌马的分红率为 75%。

换言之，赌博只是庄家对投入的资金进行再次分配，虽然庄家可以获利，但并不能创造出多于投入资金的奖金（现金）。

在参与赌博的人中，虽然有人赢钱，有人输钱，但总体来说，赌博参与者是有损失的。

将钱投入工厂（投资），工厂自身运转可以带来现金流量。但将钱投入赌博（投机），并不会增加金钱。

期待黄金、钻石这些贵金属或绘画等美术作品升值，而投入金钱的行为，在本书中也被归类为投机。

购买贵金属与美术作品未来并不会产生现金流量，只是由于其数量稀少，所以会以很高的价格交易。但是，因为没有人知道升值幅度究竟是多少，“与投入的金钱相比，将来回报（利益）的期望值不会有所增加”。换句话说，它们是分红率接近 100% 的“投机”。

如上所述，投资与投机虽然有不同，但都伴随着不确定性（风险）。

## 与不确定性斗争

前文中的女性交学费到簿记专修学校上课，期待自己将来的年收入会大幅增加。但是，她可能没有通过簿记二级考试；可能通过了簿记二级考试却没能通过公司内部升职考试；也可能顺利通过升职考试，公司业绩却恶化了，心心念念的加薪美梦因为种种原因没能实现，不但没能加薪，甚至还可能降薪。

企业进行设备投资时，会事先预测此项投资可能会创造的现金流量。本书第二章将会提到，通过预测现金流量，可以事先计算出工厂、项目、产品的价值。但是，因为具有不确定性，有时也会产生与计算不符的结果。

这种不确定性叫作“风险”，本书会在第六章详细说明。风险并不意味着危险，虽说如此，投资也好，投机也罢，都有风险，并且无法预知。因此，有时明明打算进行一项预计有高回报的投资，结果却是遭遇大赤字，一败涂地。

投机的不确定性就更不用说了。例如彩票，比起花3000日元赢3亿日元奖金这种情况，大部分人都只是得到一张废纸。

赌博中获胜的概率是可以提前计算的。如前所述，与投入的赌资相对应，奖金的金额也是定好的。所以，赌局庄家收入怀中的金额是确定的，但是各个赌徒拿到手的金额是无法预测的。

## 灵活使用三个钱包

笔者在前文中提到，我们的钱包分为三种。平时，我们不会意识到三者的区别，一直从一个钱包里支出金钱。

但是，为了更明智地花钱，我们必须意识到消费、投资与投机之间的差别，深入挖掘各自的含义，思考与三者相匹配的花钱方法。

说到消费，要考虑购买物品后得到的效用（满足程度）与所支付的价格是否匹配。为了得到用于消费的钱，适当投资、增加资产是很有必要的。消费与投资互相联系、关系紧密，在保持平衡的同时，也要巧妙地分别控制二者，这一点非常重要。而且，想要挣钱而沉溺于投机中，很可能会花光辛苦积累下来的资产。

这些道理用文字写出来，人人都知道。但是在生活中，三个钱包的区别有时并不是那么明确，必须加以注意。

花钱的对象分为消费、投资、投机三类，这些对象物的价格又是如何确定的呢？

如果它们的定价和各自的货币价值相称，则较容易理解，但定价和货币价值并不是任何时候都能相互符合。

首先，我们来复习一下货币价值。

消费钱包中的商品或服务，它们的价值由效用（个人的满足程度）决定。

投资钱包中的商品或服务，它们的价值由将来创造出的现金流量决定。

投机钱包中的商品或服务，除了赌博的价值暂且被认为由其将来产生的分红（现金）决定，还包含贵金属及绘画作品等不会产生现金流量的商品。

## 价格如何确定

那么，各种商品的价格是如何确定的呢？

价格是由需求和供给决定的。比如，因为渔获量少，秋刀鱼的供给量就会变少；这时，如果需求量增大，价格就会上涨。大家也许想说这些都是经济常识，笔者在此稍作深究。

消费钱包中的商品或服务的价格，是综合考虑效用（个人的满足程度）及生产成本之后确定的。

本书对于效用并不做深入分析，因为个人的满足程度受各自的价值观左右，无法统一，很难得出确定的理论。说起来，想要得出确定的理论这种行为本身就是毫无意义的。

比如，东京迪士尼乐园的门票价格并不是由生产成本决定的，而是经营方考虑到，即便是这个价格也可以使游客得到满足才确定的。

另一方面，舞浜车站是距东京迪士尼乐园最近的车站，从迪士尼到舞浜车站的电车车票价格，是铁路公司根据运营成本确定的，并不是从乘客的满足程度中计算得出的。

因此，有些人进入迪士尼乐园后，可以为了坐“巨雷山过山车”等待两个小时，即便过山车最后又会返回起点，他们也感到很满足。但从家附近的车站坐到舞浜车站，尽管坐了很长一段距离，一旦电车车票价格上涨，他们就会流露出不满。

## 市场未必反映商品的正确价格

投资钱包中的商品或服务的价格是如何确定的呢？这里再重申一次，投资的价值由其将来产生的现金流量决定。但是，这些商品或服务在市场上交易时，由于供需关系，或者由于投资者的种种考量，价格会发生变动。

股票、债券等几乎所有的金融产品，用于出租的不动产的价格，以及基金管理人的年薪等，都是由现金流量决定的，但它们都有各自的市场，所以有时会因为一些原因，价格出现偏离。

因此，我们要确认自己今后购买的商品究竟是“消费”对象还是“投资”对象。对于由现金流量决定价值的商品，要能把握其原本恰当的价格，当实际价格和自己心中的合适价格偏离甚远时，尽量不要出手。

虽然并不简单，但至少我们要知道商品本身的价值由其未来现金流量决定这一点。

## 钻石的价格由谁决定

第三个钱包——投机钱包，它的价格既不是由成本决定的，也不是由现金流量决定的。

彩票、马券等，庄家会事先决定好奖金数额，再决定彩票和马券的价格。

被归类为投机的黄金、钻石等商品的价格，是由其他因素决定的——即所谓的稀缺性。相对于需求，它们的供给量极少，因此才能以高价买卖。

有史以来，人类挖掘出的黄金总量大概不超过 15.5 万吨，这些黄金大约能装满三个奥运会标准泳池。黄金也有作为货币替代品的价值。黄金有交易市场，黄金市场的供需关系决定黄金价格。

而钻石由于没有像黄金一样公开交易的市场，可以说它的定价方法是不透明的。坦率地说，钻石的价格是由戴比尔斯集团（De Beers Group）控制的。1930 年厄内斯特·奥本海默爵士就任戴比尔斯集团董事长之后，该集团就开始控制钻石开采的主要从业者。他建立的行业机制，其独创性和精密性，即便到现在，也无人能及。

首先，成立钻石生产商协会（DPA，Diamond Producers Association），以调整生产活动。

其次，大批购买开采出的钻石，并设立钻石贸易公司（DTC，Diamond Trading Company），经营钻石分类业务。

最后，成立垄断销售钻石的机构——中央销售机构（CSO，Central Selling Organisation）。

由这些机构组成的系统延续至今。戴比尔斯集团在调整生产的同时，通过大批购买钻石调整库存，根据供需关系决定钻石价格。而且戴比尔斯集团还管理销售渠道，垄断钻石的生产、销售与库存调整。

戴比尔斯集团构建了一个循环系统——用垄断获得的利益积累资本，来确保调整库存过程中不可或缺的采购资金。

美术作品也有独特的定价方法。部分近现代美术作品采用本末倒置的定价方法，即“价格决定价值”。

美术作品本身的价值并不是通过价格反映出来的，相反，美术作品被赋予的价格成为它的价值。也就是说，如果某位画家的作品定价 1 亿日元，那么今后，1 亿日元就成为该作家作品价值的标准。

美术作品的价格通过拍卖会决定。打开拍卖手册，可以看到上面记录着每个作品的“出处”（provenance）、“参展经历”（exhibited）、“出版物”（literature）等信息。

也就是说，竞拍者根据“谁曾拥有这幅作品、谁曾评价这幅作品、这幅作品曾在哪些展览会上展出、这幅作品曾被哪些媒体报道”等信息竞拍，该作品价格也由此确定。拍卖的价格成为衡量该作品价值的唯一标准。

因为没有人有自信来鉴别这幅画的价值，所以说成交价格是“一言堂”着实有些过分了。

曾经有个男人，通过“把价格变成价值”这个方法，赚得万贯家财。他就是意大利珠宝商詹姆斯 · 阿萨埃尔（James Assael）。詹姆斯曾打算贩卖大溪地海岸上随处可见的黑珍珠，但是完全卖不出去。当时，大家对于颜色不好看的珍珠根本不予理睬。

于是，詹姆斯拜访了纽约高级珠宝品牌店的创始人海瑞 · 温斯顿（Harry Winston）。他拜托海瑞在珠宝店的橱窗里展示黑珍珠，标上贵得离谱的价格，来突显它的价值。与此同时，詹姆斯还在高端奢华杂志上刊登黑珍珠的整版广告。

不久之后，以纽约为中心，掀起了一阵黑珍珠风潮。詹姆斯和海瑞·温斯顿所要求的黑珍珠价格，形成了黑珍珠的市场。

1980 年时被认为毫无价值、销售额不足珍珠市场 1% 的黑珍珠，如今的销售额占世界市场的 30%。而一直以来，黑珍珠基本都产自大溪地。

如上所述，部分美术作品、黑珍珠都是先确定价格，然后价格变成了它们的价值。以社会常理来看，我们刚刚提到的部分美术作品、黑珍珠、高级家具、高级汽车等，一旦成为很棒的东西，它们的价值与价格就会逐渐被常理所规定。

姑且不论购买的内情，如果是为了自己个人的效用，购买美术作品和黑珍珠，这种行为就算作消费。如果通过展示这些购买的美术作品收取门票，这幅作品就产生了现金流量，那么购买美术作品的行为就可以视为投资。不过，门票构成的现金流量总额，恐怕远远赶不上买画支付的费用。

## 金牌得主的奖金是消费吗

请总结整理第一章的内容，试着思考以下商品定价方法的差异。

簿记学校的学费——料理教室的学费

在展览会展出的画——个人在拍卖中竞拍到的画

打算修建停车场而购买的空地——为了建造自家住房而购买的空地

电影《冰雪奇缘》的放映权——《冰雪奇缘》的电影票

以上几组商品，前者都是由现金流量决定价值，是投资的对象。后者都是由个人的满足程度——效用来决定价值，是消费的对象。

将给金牌得主的奖金归类为消费，或许大家对此会感到诧异。如果日本奥委会（JOC）和日本滑冰联盟提供的600万日元奖金，是羽生选手[①]夺金的动力，那么可以算作投资，但是羽生选手显然不可能是为了奖金而去努力拼搏的。对于JOC和日本滑冰联盟来说，奖金可以看作是效用，由于组织感到满足而提供奖金。因此，可以归类为消费。

笔者并不是要追究向奖牌获得者提供奖金这件事是对还是错，只是单纯地记录信息。从1992年的阿尔贝维尔冬季奥运会、巴塞罗那奥运会起，

① 羽生选手：羽生结弦，日本花样滑冰男选手。2014年，年仅19岁的羽生结弦夺得索契冬奥会花样滑冰男子单人滑冠军。

日本就开始向获得奖牌的选手发放奖金。金牌300万日元，银牌200万日元，铜牌100万日元。从世界大多数国家的情况来看，日本的奖金绝不算多。

顺便一提，当被问到奖金的用途时，羽生选手回答道："我想把奖金捐给受灾群众以及滑冰场（建设）。"这样做有助于提高羽生选手的价值，对他来说可以算作投资。当然，这并不是他的本意。

# Chapter 2

# 不懂房地产，也能三分钟估算房子的价值

## ——价值和现金流量

本章将会对现金流量如何决定投资的价值，以及时间如何影响现金流量的价值等内容进行解释说明。

你打算购买或已经购买的公寓，有一个市场价格。但是，公寓还有一个按照某种理论得出的合理价值，这个价值不同于实际上标出的价格。这种理论究竟是什么呢?

## 你会多少钱卖掉自家住宅

假设你打算卖掉自己现在所住的房子。为了能卖个合适的价格，我们必须评估房屋的价值。那么，应该如何评估呢?

购买或出售自住房产，可以列为人生三大活动之一，对于资产的形成有很大影响。仅从金额方面考虑，买卖房产也可以说是一生中最大的决策。

想要尽可能地把房子卖个高价是人之常情，但是一桩买卖得有买家才能成立。房子未必会以我们期待的价格卖掉。不，更准确地说，只有极少的房子能以卖家期望的价格卖掉。

我们虽不是哈姆雷特，但房子卖还是不卖，这确实是个问题。要想知道自己房子的合理价值，应该怎么做才好呢?应该以什么价格卖掉房子呢?又应该如何判断低于某个价格就不能出售呢?

即使不懂得房地产知识，也有方法能让你三分钟了解自家住宅的价值。

## 公寓的价值是房租的两百倍

下面以商品楼为例。日本一都三县[①]的新建商品楼（建成年限10年内），我们可以通过下面这个简单的算式，大致计算出合理的价值。

公寓价值＝月房租 ×200

东京都港区、千代田区等市中心的新建商品楼（建成年限10年内），可以使用下面的算式得出价值。

公寓价值＝月房租 ×240

例如，你住在练马区某处房龄10年的商品楼中，将房子出租，预计每个月可以收到25万日元租金，则房子合理价值的计算过程如下：

25万日元 ×200 ＝ 5000万日元

只要知道房租，就可以计算出房子的价值，非常简单。只要上网搜索一下，不用花什么时间和金钱，就可以很容易知道自己公寓所在区域的房租行情。

一般情况下，在进行房地产估价时，需要综合考虑各种因素才能得出房子的价格，比如房屋所在地、周边路况、附近环境、建成年月、与车站

① 一都三县：指东京都及其周围的千叶县、神奈川县、埼玉县。

的距离等。除非是房地产专家，一般人很难自己估价，必须花钱去请房地产估价师。

房子究竟该不该卖？将可能成交的价格与通过前文算式计算得出的价值进行比较，我们就可以做出决定。计算得出房子的价值是5000万日元，如果出手只能卖4000万日元，最好暂时忍耐，等待时机。反之，如果可以卖6000万日元，则不要犹豫，立即出手为好。

## 市价和成本价是两种东西

为什么可以用房租计算房屋价值呢？房租的200倍、240倍这种计算方法的根据是什么呢？

再稍微认真分析一下开始时的问题。我们现在居住的公寓是过去购买的，为什么这间公寓的价值可以用房租计算得出呢？它的价值难道不是综合考虑当初的购房成本和当前房地产交易行情后得出的吗？

不仅仅是公寓，很多情况下人们都会抱着“不想以低于购买时的价格出售”这样的想法，顽固坚持购买时的价格（成本价）。我们可以理解这种不希望损失的心情，但是，市价和成本价是两种东西。

市价下跌时，商品成本价就会和当时市场的行情（市价）相差悬殊。这时，标明的商品价格即使再接近成本价，也不会有人理睬。

我们在逛房屋中介的时候，会看到有些房子的价格怎么看都远高于市场行情。很多时候，卖家拘泥于当初的购房价格，即便房屋中介的工作人员劝告说“标这样的价格是卖不掉的”，卖家也无动于衷。

也许卖家内心抱着淡淡的期待：“万一有人来买呢。”不过，还是这样想比较好——“根本不会有人愿意以这个价格购买”。因为买房人选择物美价廉的房子都挑花了眼，那种“标错价的商品”他们根本看都不看。

## 市场有时也会犯错

“我没想过以购房时的价格出售。现在只想按照附近的行情定价。”大部分人抱着这样的想法来到房屋中介公司，打听附近房地产行情。听到有跟自家住宅房间布局相同的公寓曾以 6000 万日元价格成交，就也想要将自家公寓卖到 6000 万日元。

为什么可以用房租计算公寓的价值呢？回答这个问题之前，我们先来思考一下邻近房地产的行情。

我们用作参考的邻近房地产的行情有时也会出错。我们继续之前计算过的例子，通过租金计算得出，公寓价值 5000 万日元，但是假设房屋中介告诉你：“上个月，有套和你家格局差不多的公寓卖了 4000 万日元，你的房子应该也就是以 4000 万日元左右的价格成交。”

市场并不是一直处于合理运行的状态。我们应该认识到：“市场未必总是正确的。不仅如此，市场有时甚至会犯错。”不管是证券还是房地产，都是如此。

正如雷曼危机之后的情景，市场有时会一夜之间瘫痪，有时也会反复出现泡沫经济。

有些商品，它的市场交易价格高于价值；也有些商品，它的交易价格远远低于合理价值。

如果市场发生混乱，价值 5000 万日元的公寓，标价 3000 万日元也可能卖不出去。哪怕事态没有异常到这个地步，价值 5000 万日元的公寓有时也会以 4000 万日元左右的价格成交。如果中介公司估价说房子看上去只能卖 4000 万日元，那么就是说市场比实际状况更加疲软，或者委托的中介想要偷懒，以避免今后的成交价格低于估计的价格。

相反，当有人愿意花 6000 万日元购买价值 5000 万日元的公寓时，市场就超过了合理水平，开始过热。这时候最好以 6000 万日元的价格卖掉。

如果有人认为再等一等或许可以涨到 6500 万日元，舍不得马上卖掉公寓，那他可真是糊涂透顶。“明天的价格或许会比今天高。”拥有这种想法的人无疑被一种“毫无根据的狂热”控制了，正是这种狂热引起了泡沫经济和泡沫破裂。

如果公寓价值明明只有 5000 万日元，却以 6000 万日元价格售出，那么我们就可以做出判断——“市场出错了”。

## 为什么可以利用房租计算房产价值

由于市场会出错，也就无法完全依赖邻近房产的销售行情，因此，掌握利用租金计算公寓价值的方法很有必要。接下来，笔者将解释为什么可以利用房租计算公寓价值。

公寓价值＝月房租 ×200

这个公式的依据是“收益现值法”。“收益现值法”是一种通过将来产生的现金流量推导出物品价值的估值方法，也被称为“DCF 法”( Discounted Cash Flow )。

要想利用 DCF 法计算公寓的价值，必须知道公寓的现金流量，也就是说，必须确定这间公寓能够为业主挣多少钱。所谓公寓的现金流量，也就是房租。

上文提到，在进行房地产估价时，要考虑房屋所在地、周边路况、附近环境、建成年月、与车站的距离等因素。这些因素也会反映在房租上。

即便是同一地区的公寓，等级不同，价值也会不同。高层公寓楼层越高价格越贵，这些也会反映在房租上。

那么还有什么因素会影响房租呢？首先，从宏观上来说，租金和国家的综合国力有关。综合国力是非常稳定的，因此租金和综合国力一样，不会发生骤变。在雷曼危机和泡沫经济崩溃时，虽然市场陷入恐慌，但房租还是比较稳定的。长期来看，房租可能会受到微观、宏观两方面经济状况的影响，但不会像市场价格一样产生剧烈震荡。

说得稍微通俗一些，市场交易由于混入了投机这个杂音，免不了会暗藏剧烈震荡的危险。但是，租住房屋的人不会因为房租可能涨价而赌一把，租一间和自己能力不相称的房子。通常人们都只会支付和自己收入相符合的房租。

在利用房租计算公寓价值时，为什么乘以 200 倍呢？要弄清楚这个问题，必须理解收益现值法（DCF 法）。

我们继续用前文的例子来说明。一套月租金为 25 万日元的公寓，一年创造的现金流量为 300 万日元。将每年的现金流量加总，就可以计算出该公寓的价值了。

如果将这套公寓租出去 30 年，预计可以获得 9000 万日元的收益。但是，这 9000 万日元并不是该公寓的价值。

## 今天的 100 元比明天的 100 元更值钱

上文提到，9000 万日元并不是公寓的价值，因为“今天的 100 元比明天的 100 元更值钱”。也就是说，将来预计会得到的钱，相对现在这个时间点，它的价值是有所减少的。反之，在未来到手之前这一段时间里，这笔钱能够产生利息，金额也会增加。

现在这个时间点的现金流量的价值叫作“现值”（PV，Present Value）。

金融界最重要的格言

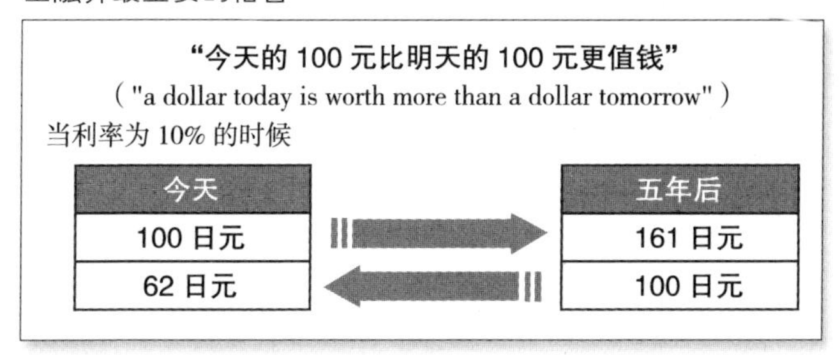


下面，我们以公寓为例，试着计算一下它的现值。

假设全球房地产相关的年利率是 6%，今天的 100 日元一年后会增长为 106 日元。反过来思考，一年后的 100 日元，现在的价值只有 94 日元（100 ÷ 1.06）。

因此，如果每年有 300 万日元的现金流量，1 年后的 300 万日元是现在的 283 万日元（300 万 ÷1.06），2 年后的 300 万日元是现在的 267 万日元（300 万 ÷1.06÷1.06）。像这样，将现金流量折现到现在这个时点，必然会被扣除一部分价值，然后进行加总就可以计算出现在的价值。

每年 300 万日元的房租，连续出租 30 年，这样计算出的公寓价值中，有 4871 万日元应该扣除。所以，9000 万日元减去 4871 万日元就是公寓的价值。

## 出租 100 年，价值并不会更大

根据上文的计算我们可以得知，如果我们不只出租 30 年，而是出租 100 年，即使这样，公寓的价值也不会有太大的增长。虽然，出租时间延长了两倍多，但价值并不会同时增长两倍多。因为距离现在的时间点越远，折现率越高，现金流量折现过程中打折扣的金额越多。

所以，100 年后的现金流量的现值是：

根据 DCF 法计算现值

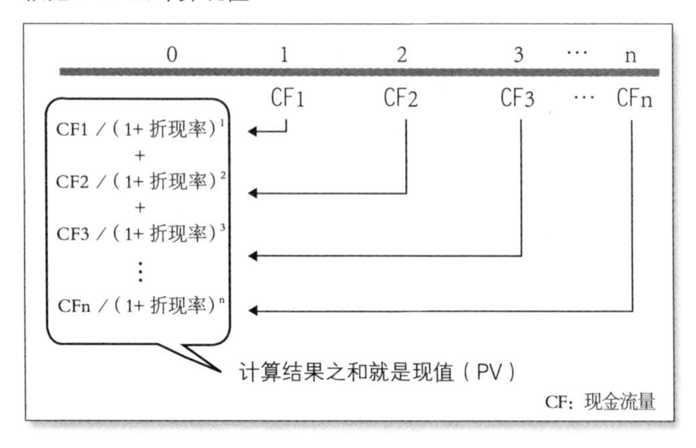


300 万 $\div 1.06^{100} = 8841$ 日元

下图就表示了出租时间和公寓价值的关系。

每年 300 万的现金流量在折现过程中会打折扣、逐年减少（图中的现金流量现值曲线向下倾斜）。将每年的现金流量现值相加，就是公寓的现值，公寓现值会逐年增加（图中的现值曲线向上倾斜）。

出租时间和公寓价值的关系

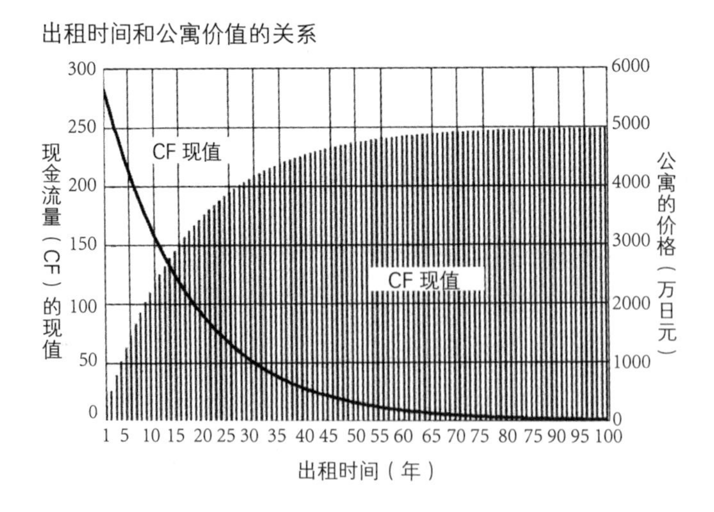

从图中还可以看出，出租时间为 30 年时，估算的价值为 4000 万日元左右，但是出租时间为 100 年时，公寓价值还不到 5000 万日元。

别说是 100 年，哪怕假设可以永远出租，公寓的价值也不可能超过 5000 万日元。

在“300 万 $\div 1.06^n$”这个公式中，n 从 1 开始逐渐增加，假设 n 无限大，最终结果为 5000 万日元（300 万日元 ÷0.06）。

## 永续年金型房租的现值

现金流量有许多种，预计能够无限期获得的现金流量被称为“永续年金”，可以利用以下公式进行计算。公式的推导方法在下文有详述。

永续年金的现值＝每年的现金流量 ÷ 折现率（利率）

本章开篇介绍的公式，就是这个公式的变形。

公寓的价值＝每年的现金流量 ÷0.06<br>
＝月房租 ×12÷0.06<br>
＝月房租 ×200

这里的折现率指的就是我们之前所说的“利率”。“一年后拿到的 100 日元，现在的价值大约是 94 日元（100÷1.06）”，此时的 6% 就是折现率。因为是把将来的现金流量折算成现在的现金流量，所以叫作折现率。

可能有人会产生这样的疑问：“计算公寓价值的时候，可以假设永远能够收到房租吗？利率 6% 是非常重要的信息，它依据的是什么呢？”

永续年金型现金流量的公式推导

PV（现值）= CF /（1 + 折现率）$^1$ + CF /（1 + 折现率）$^2$ + CF /（1 + 折现率）$^3$ +……
这里，假设 1 /（1+ 折现率）= A
则，PV = CF（A + $A^2$ +……）————①
PV÷A = CF（1 + A + $A^2$ +……）————②
②－①即为 PV×（1 / A − 1）= CF
这里代入 A 的定义，
则 PV×［（1 + 折现率）− 1］= CF
PV× 折现率 = CF
因此，
PV = CF / 折现率

CF：现金流量

将公寓的租金归类为“永续年金型现金流量”并没有任何问题。哪怕是稍有年头的公寓，如果修缮、装修一下，还是可以在很长一段时间内继续创造现金流量的。

越是遥远的未来，现金流量的价值越是无限趋近于零，所以利用现金流量求出的现值，无论时间是 30 年、100 年还是无限期，结果并不会有太大差别。

与“永续年金型现金流量”相对，在一段时间内产生的现金流量叫作“普通年金”。普通年金与永续年金不同，没有简单的公式可以计算，本书我们就不作详细叙述了。

债券的利息、机械或车辆等的租金都是普通年金型现金流量，它们都是在开始时设定一个时间段，根据设定的时间段计算现值。

## 考虑现金流量的不确定性

6% 的折现率（利率）是怎么来的呢？在收益现值法（DCF 法）中，折现率是由现金流量不确定性（风险）的程度决定的。

现金流量的风险程度高，折现率就高；现金流量的风险程度低，折现率就低。并且现金流量的折现率越高，它的现值就越小。

折现率就是利率。设想一下，当我们进行金钱借贷时，站在贷款人的角度来看，利息是"金钱借出期间无法使用此笔款项而获得的补偿"，也是"对借款人可能无法还款这项风险的补偿"。

假如有人对你说"一年之后，我会还你100万日元"，那么你现在会借给他多少钱呢？

如果是借给银行，即把钱存在银行，那么99.9万日元就可以了。

如果是借给公司的同事，你会借多少钱呢？虽然你很想相信他会在一年之后把钱凑齐，还清100万日元；但他可能半年之后突然跳槽，再也联系不上了；也可能一年之后，他会以各种各样的理由推迟还款。这样一想，你可能最多借给他70万日元就不错了。

这时，你要求银行支付的利率是0.1%（0.1万日元 ÷99.9万日元），要求公司同事支付的利率是43%（30万日元 ÷70万日元）。所以，风险越高，利率（折现率）也就越高。

## 调查公寓的折现率

通常，大家认为风险最低的资产是国债，当前日本国债的利率不到1%，它也是折现率的最低标准。

我们把这个最低标准称作无风险收益率（没有风险的收益比率），根据资产风险的大小另外追加的报酬叫作风险溢价。在前面的例子中，我们假定公寓的折现率是6%，也就是在不足1%的无风险收益率的基础上，增加了5%的风险溢价。

公寓的所在地越受欢迎、建成年限越短，折现率就越小。

因为这样的公寓可以确保很快找到房客，房租也很稳定，未来现金流量的风险也就很低。

笔者从专营二手公寓的房地产投资基金处，获取到2014年7月不同地区、不同建筑年限的公寓的折现率，并将这些信息绘制成表格。前文中所举的例子是一栋房龄10年、位于一都三县地区的公寓，所以我们将它的折现率设定为6%。

不同地区、不同建筑年限的公寓折现率

| 建筑年限 | 10年以内 | 20年以内 | 30年以内 | 30年以上 |
|---|---|---|---|---|
| 东京（港区、中央区、千代田区） | 5.0% | 5.5% | 6.0% | 8.0% |
| 东京都（山手线以内） | 5.5% | 6.0% | 6.5% | 8.5% |
| 一都三县 | 6.0% | 6.5% | 7.0% | 9.0% |
| 地方政令指定都市① | 6.5% | 7.0% | 7.5% | 9.5% |

位于东京都港区、千代田区等市中心的公寓（房龄10年以下），折现率是5%。

公寓的价值＝每年的现金流量 ÷ 0.05

＝月房租 ×12÷0.05

＝月房租 ×240

这是本章开篇时介绍的另一个公式。

专营二手公寓的房地产投资基金处是如何得出这一折现率的呢？

他们通过长期的经验判断得出：投资公寓、进行交易，使用这两个折现率，做成生意的比例很高。

得出折现率的另一个方法，是根据房租的偏差（变动性）来推定折现率。

永续年金现值＝每年的现金流量 ÷ 折现率（利率）

以上公式可整理为：

折现率（利率）＝每年的现金流量（房租）÷ 现值（商品行情）

房租除以商品行情得到折现率，从房地产基金处的角度来看，折现率就成了投资回报率（收益率）。他们掌握着各地区、各等级公寓的历史收益率信息；当收益率与平均值不一致时，说明产生了偏差。当偏差较大时，可以预计折现率会提高。

“折现率等于投资回报率（收益率）”，这个概念非常重要。二者是表里统一的关系。它们的区别在于，投资方是从不确定性（风险）的角度来看，还是从投资回报（收益率）的角度来看。

从报纸上刊登的房地产投资广告，可以看到一种耐人寻味的趋势。广告中都注明了房屋住满房客时的假定收益率，同一个地区的出租房，距离车站越远，房龄越大，住满房客时的假定收益率就越高。

也就是说，出租房能否收到房租的不确定性（风险）越高，它的收益率也越高。假设出租房住满房客，几栋房屋可以获得相同数额的房租，但风险高的房屋折现率相应较高，因此，不得不将它的出售价格设定得低一些。

关于不确定性和折现率（利率、收益率）的关系，即风险与回报的关系，本书将在第六章详细叙述。

① 地方政令指定都市：是日本的一种行政区制。当一个都市人口超过 500000 人（不过目前受认定者实际上大多为人口超过 1000000 人的都市），并且在经济和工业运作上具有高度重要性时，该都市将被认定为日本的“主要都市”。政令指定都市享有一定程度的自治权，但原则上仍隶属于上级道、府、县的管辖。

## 买下六本木新城[①]或东京中城[②]要花多少钱

上文我们以公寓的买卖为例，介绍了通过比较售价和利用 DCF 法得出的现值来判断是否进行投资的方法。这个方法叫作净现值法（NPV, Net Present Valve），是金融界制定投资决策的传统方法。

NPV 法的基础是“根据未来现金流量得出的价值是真正的价值，市场价格未必反映应有价值”。以这种观点来评估物品价值，在商务领域极其重要。NPV 法不仅适用于公寓，也适用于商务写字楼。我们可以利用表格中的公开数据，尝试计算一下六本木新城和东京中城的价值。

六本木新城和东京中城的公开数据资料

| 名称 | 六本木新城 | 东京中城 |
|---|---|---|
| 竣工年月 | 2003 年 4 月 | 2007 年 3 月 |
| 总项目成本 | 4900 亿日元 | 3700 亿日元 |
| 占地面积 | 12 万平方米 | 10 万平方米 |
| 总使用面积 | 76 万平方米 | 57 万平方米 |
| 楼层 | 54 层 | 54 层 |
| 高度 | 238 米 | 248 米 |
| 一层出租面积 | 4500 平方米 | 3300 平方米 |

要确定这两处商务写字楼的现值，并不需要知道它的土地费用和总工程费用。重要的是现金流量，因此，每坪[③]租金价格是估算价值的基础。鉴于它们的租金并未公开，我们通过市场行情推测，大概在每坪 3 万日元，折现率定为 5%。

① 六本木新城：又称六本木之丘，位于日本东京闹市区的六本木，由森大厦株式会社主导开发，是日本规模最大的都市更新计划之一，集购物、娱乐、办公、餐饮等多种功能于一体，是日本新兴的最主要的购物娱乐中心之一。

② 东京中城：Tokyo Midtown，位于日本东京都港区的多用途都市开发计划区，由广阔的绿地与 6 座建筑体构成的综合性新型“都城”。

③ 坪：日本面积单位，1 坪 = 3.30378 平方米。

六本木新城和东京中城的现值

| 名称 | 六本木新城 | 东京中城 |
| --- | --- | --- |
| 房租市价（每坪） | 3万日元 | 3万日元 |
| 一层出租面积 | 4500 平方米 | 3300 平方米 |
| 楼层 | 54 层 | 54 层 |
| 预计年租金收入 | 265 亿 900 万日元 | 194 亿 4400 万日元 |
| 折现率 | 5.00% | 5.00% |
| 现值 | 5301 亿日元 | 3888 亿日元 |

经过计算，六本木新城的现值为 5300 亿日元，东京中城的现值为 3900 亿日元。二者的项目总成本分别约 4900 亿日元和 3700 亿日元。决定是否投资某栋大楼建设项目，需要判断现金流量的现值是否超过项目总成本。正因为两栋大楼的现值都超过了项目总成本，它们才得以建成。在调研阶段，如果投资方判断现值只会低于项目总成本，则项目会被搁置。

## 一杯 1800 日元的咖啡

如前文所述，当我们着眼于现金流量，平日里的寻常景象也会显得格外不同。我们再来看一个例子。

在繁忙工作的间隙，稍稍放松，喝一杯咖啡，别有一番风味。如果是在城市酒店的咖啡厅，则滋味更是不同。

笔者偶尔也会想做一些奢侈的事情，例如工作洽谈结束后，去丽思·卡尔顿酒店的咖啡厅喝一杯咖啡。

在服务人员指引下入座后，打算点单时，发现一杯咖啡要 1800 日元。

打算顺便点一些小吃，看到一个汉堡居然要 15850 日元。菜单上注释说，汉堡是选用特别的和牛、法国松露、肥鹅肝制作的，笔者并不想对这个汉堡的效用进行论述。最终，笔者只点了一杯咖啡。

我们先不说汉堡，单说咖啡，为什么东京中城的丽思·卡尔顿酒店里的咖啡会卖到1800日元一杯呢?

针对这个问题，有好多人会这样回答：

“东京中城是黄金地段，地价很高，房租也相应很高，所以咖啡只有定价高些才能挣钱。”

这个观点虽然听上去很有道理，但并不是正确答案。正确答案是“因为东京中城是人气地区，即使一杯咖啡标价1800日元，也会有人来买”。

答案的思路整理如下：

- 东京中城是非常有魅力的地方，人非常多，也舍得花钱。所以即便咖啡价格高也能卖掉。
- 因为价格高也能卖掉，所以咖啡店愿意支付高价租金进驻东京中城。
- 有咖啡店这类的商家支付高价租金，东京中城于是因为现金流量创造力强，价值也会上升。

你可能对此感到有些奇怪，但是如果想到“租金和承租人的现金流量创造力相关”也就可以接受了。在金融界，人们常常从现金流量出发考虑问题。

## 银座和涩谷地价为什么不同

土地的价格，是由“该土地创造的现金流量”的大小决定的。该土地能够创造多少现金流量，是由“该土地的人口聚集能力”的强弱决定的。

人口聚集能力的强弱是由各种因素造成的。交通便利、社会基础设施齐备、历史上就是有魅力的地区、有许多富裕阶层居住等，都会增强人口聚集能力。

土地的现金流量创造力取决于揽客能力，但这并不意味着将人聚在一起就可以了。重要的是聚集起来的顾客在这个地方能花多少钱。

只论揽客能力，涩谷不输银座。仅看涩谷车站前全向十字路口[①]的人流，它的揽客能力或许超过银座。但是，涩谷是年轻人的聚集地，单人购物的支出低于银座。

这种差异也反映在银座和涩谷的地价上。

再比如，同一地区的两块土地，仅隔着一条马路，价格就可能相差一倍。这是为什么呢？

因为这两块土地的容积率不同。朝向大马路的土地，可以建造高层大楼。与此相反，朝向小路的土地只能建造低层小楼。高层建筑的总使用面积较大，总的租金也较高，因此土地价格也较高。土地并不是按面积出售，而是按空间单位进行交易的。

## 单价 1 亿日元的土地应该用来卖什么

我们可以从现金流量与地价的关系角度来思考一下生意方面的事情。2013 年公布的公示地价显示，银座四丁目山野乐器所在地的地价全国最高。每坪约 1 亿日元，即每平方米约 3000 万日元。

两块榻榻米大小[②]的土地就要 1 亿日元，这价格虽令人难以置信，可如果这块土地可以创造出与其价格相称的现金流量，1 亿日元的价格倒也算公道。总之，投资 1 亿日元后，能产生令人满意的收益率就划算。

我们假定收益率为 4%。那么每坪土地每年至少要产生 400 万日元的利润。

① 全向十字路口：所有的车辆暂停，让行人能够在这段时间内以各种方向穿越路口。

② 即一坪，日本习惯使用榻榻米大小表示面积，一块榻榻米约为 1.6562 平方米。

山野乐器的大楼有七层，即每层的平均年利润为 57 万日元，忽略各种费用，每层每天的利润必须达到每坪 1500 日元。

CD 的单价是 2500 日元，假定毛利率为 30%，则每张 CD 的毛利润是 750 日元，各楼层每坪土地每天至少需卖出两张 CD。

以上计算只是基于假定数字的头脑体操，但我们从中可以知道，在全国地价最贵的地方也可以经营 CD 商店。

那么快餐行业情况如何呢？对于日本麦当劳来说，银座是麦当劳登陆日本开设第一家店的圣地，但是如今银座已经看不到麦当劳了。

笔者稍作调查后发现，麦当劳在港区有四家店，在丸之内只有一家。

有人认为这是因为银座、丸之内的租金太高，麦当劳在这些地方卖 100 日元特惠餐点太不划算。然而，正确答案是麦当劳所有店都是统一价格，没办法在银座和丸之内设店。

即便是同一个连锁旅店，市中心的住宿价格和郊区的住宿价格也是完全不一样的。虽然银座的麦当劳可以一杯咖啡卖 1000 日元，但是这不符合麦当劳的商业模式，所以只能从银座撤店。实际上，麦当劳正在从市中心黄金地段的小型店铺向郊区的大型店铺转型。

但银座并非没有低价格战略的商家，著名的快速时尚（fast fashion）品牌 ZARA 和优衣库都在银座有店面。2013 年 3 月，迅销公司（Fast Retailing）在东京银座开设“优衣库银座店”，是世界最大的旗舰店。

“优衣库银座店”有 12 层，营业面积约 5000 平方米，用六国语言接待顾客，还销售与世界人气品牌 UNDERCOVER 共同策划的商品。会长兼社长柳井正相信，“年营业额能达到 100 亿日元”。

虽然同样是低价格，但麦当劳和优衣库在客单价、利润幅度和顾客周转率上都有很大不同。另外，对于时尚产业来说，品牌战略非常重要，在银座开店具有重大意义。各服饰公司纷纷在表参道、青山设立旗舰店就是基于这个原因，即便旗舰店不挣钱。它们的费用也属于维持品牌影响力的支出，企业会毫不犹豫地支付。

总体核算一下，银座、表参道的品牌形象所创造的现金流量，足够弥补它们产生的亏损。

这些都是关于东京市中心的例子，下面我们来看一些其他地区的例子。地方城市的餐饮店、小卖部在开店的时候，寻找“可以创造现金流量的地点”，即寻找有人口聚集能力的地点也十分重要。

大多数小城市都有酒馆街，小酒馆店铺林立，揽客竞争激烈，但其中也有门前非常冷清的店家。

有人可能会说：“那就不要在这种竞争激烈的地方开店呀。到没有竞争对手的地方开店多好。”这种想法非常草率。

小酒馆云集的地方，自身就拥有了揽客能力，店家即便不去招揽，也有客人会来。但是在偏僻的地方开一家酒馆，要想招揽客人，酒馆自身就必须有很强的揽客能力。

Chapter 3

# 工龄资历是新社员的希望

## ——时间及其影响

正如本书第二章中提到的，物品、项目、服务的价值，取决于它们能创造出多少现金流量。这个观点构成了金融理论的基础，我们先稍作复习。

已知现金流量的金额、为获得现金流量所花费的时间，以及根据不确定性（风险）得出的折现率（利率），我们就可以计算出创造此现金流量的物品的现值。

这一理论适用于许多事例，不仅可以计算公寓的价值，还可以计算企业的价值（股票市价总额）、项目的价值，可以说是由猿猴进化而来的人类为了控制金钱而掌握的智慧之一。

虽然这个理论在金融界已经确立下来，但在现实世界中并不能就这样直接使用。因为，投资时，最终还是要由人来做出判断。

在第一章中，我们区分了消费、投资、投机三个钱包，并提及利用效用判断消费，利用现金流量的价值判断投资。但实际使用金钱时，有时候很难区分消费和投资。即使可以根据公式计算价值，也不能仅据此就做出判断，有时候虽然是投资，但也要考虑到它的效用。

既然涉及人，价值计算公式就会受到影响，有时候，还会存在一些歪曲价值的因素。

其中一个因素就是时间。与计算机或电子表不同，人们感受到的时间长度会因为各种原因发生变化。时间长短和人们感受之间的关系原本就很复杂，并不是仅靠一定的折现率就可以调整的。

而且，对概率的误解也会影响价值计算公式。另外，人们无意识做出的不合理举动，即“习惯”也会影响价值计算公式。

本章将针对人们如何感受时间，以及时间的流逝和人们感受到的价值、效用之间有何关系等问题，举例说明。

概率的相关问题将在第四章解释，行为上的“习惯”会在第五章说明。

## 工资取决于员工创造的现金流量

很久以前，我们就开始说年功序列工资制度行将崩溃，实力主义时代已经到来。

但是，几乎所有的大企业都还保留着年功序列工资制度，新入职员工的工资最低，随着工龄增加，工资逐渐增加。从其他公司转入的员工，他们的工资某种程度上取决于工作经历和年龄。即使是中小企业，实际情况也并没有大的改变。

物品和项目的价值由现金流量决定，我们尝试将这一理论运用于人，则支付给员工的工资，取决于该员工创造的现金流量的大小。

企业会做出如下判断：新员工还不能独自胜任工作，他们的工资自然低于工作熟练、可以为公司带来很大收益的中坚员工。员工对此应该也不会有什么意见。

那么，从中坚员工到老员工的情况又如何呢？一般公司职员的赚钱能力，在新入职时期为零，之后随着经验的累积逐渐提高。到四五十岁时，体力充沛、沉着稳健，也累积了大量经验，此时的赚钱能力达到峰值，之后赚钱能力会缓慢下降。

如此一来，企业根据员工创造现金流量的大小，对过了峰值的员工降薪也就不足为奇了。但是，因为实行年功序列工资制度，这部分员工的工资反而会缓慢增加。有些企业会将超过五十岁的员工调往关联企业，并下调工资，可即便如此，工资也不会低到和二十多岁时一样。

当然，并不是所有员工都在四十多岁迎来峰值，之后便会下降。部长、主管等管理职位还有其他的价值；也有的行业，员工三十多岁时挣钱能力最强；还有的员工利用自身专业性，到五十多岁依然表现出超过中坚员工的工作能力。

笔者在此并不想论述实力主义和年功序列制度孰是孰非。笔者想要思考的是，人们是如何理解现金流量的价值的。

在一般的企业里，工资与挣钱能力的关系是：新入职的时候，工资高于赚钱能力；成为中坚职员之后，情况就发生一百八十度大转弯，赚钱能力高于工资；接近退休时，工资再一次高于赚钱能力。

假定人一生的总工资数额不变，上文中的年功序列工资制，和按照能力获得相应工资的绩效工资制度，哪一个对员工来说更有利呢？

即使人一生的总工资数额相同，由于获得工资的时间不同，从现值的角度考虑，年功序列工资和绩效工资也是有差别的。

基于金融理论，折现率一定时，按照现金流量的现值来看，绩效工资制度的价值要高一些。原因在于，绩效工资制度在较早的时间点取得较高的工资，所以现金流量的现值要大于年功序列工资制度。

而且，如果将初期得到的工资进行再投资，可能会获得更大的收益。即使中途离职，下一份工作也能获得较高的工资。

这样看来，突然被点醒、希望实行绩效工资制的人会增加吗？情况似乎并非如此。大多数人希望工资可以慢慢上涨，如果中途工资下降，就会觉得有所损失。

行为经济学家罗文斯坦（Loewenstein）和普雷莱茨（Prelec）曾进行过如下调查。六年间的工资总额相同，但是支付方法有三种：

· 最初工资较低，之后渐渐上涨

- 六年间工资不变
- 最初工资较高，之后渐渐下降

他们对普通人进行提问，询问他们会选择哪种方式。

如果按照上述的金融理论来考量，对于员工来说，最初工资较高之后渐渐下降的支付方法是最合理的。但调查结果显示，选择这一方式的调查对象只占10%，半数以上的调查对象选择了逐渐上涨的方式。

其中的原因还在于，以现在的工资为起点来看，将来工资下调，人们会感觉遭受了损失。也就是说，中间夹杂了和效用相关的判断。因此，单纯利用基于折现率的公式来测定效用，还是太过简单了。

## 感觉和认知的差异

效用是人的一种感受。“人感知到某种感觉”时，人体机能究竟是如何运转的呢？我们下面来整理一下。

人们常说视觉、听觉、嗅觉、味觉、触觉五种感觉，对应这五感，人体具有眼、耳、鼻、舌、皮肤五种器官。这些器官将外部的信息传送给大脑。

比如，眼睛将外部的信息通过视网膜传送给视神经。照相机就是利用了这个原理。镜头相当于晶状体，胶卷相当于视网膜，但照相机获取的只有光和色的信息。把光信息和色信息变成有意义的对象，是大脑知觉的功劳。

映射在视网膜上的像，和底片上的像一样，是二维的信息，但是人类总是可以感受到距离，看见立体的事物。虽然在我们看来这件事理所当然，但仔细想想，会发现非常不可思议。不仅仅是人类，几乎所有的脊椎动物，都可以轻而易举地把映射在视网膜的二维信息转化为三维信息，这着实令人震惊。

之所以能够将二维信息转化为三维信息，是因为两个眼球各自处理的信息有一些细微的差别。3D 眼镜利用的正是这个生理机能。另外，在看近处的物体时，眼睛会变成斗鸡眼，这样才有立体感。

即使闭上一只眼睛，立体的世界也不会突然变成平面的世界，因为我们能够从周围的背景判断距离。下面这个实验非常有趣。

闭上一只眼睛，竖起两手食指，水平伸直双臂。然后将右手拉近至眼前。食指的大小会发生什么变化呢？你应该会感到右手食指比左手食指大了一点，但事实上我们都知道两根手指没有变化。反复多做几次，就会发现两根食指大小差距非常明显，左手食指只有右手食指的一半大。

这是因为人的大脑知道两根食指一样大小的知识，所以才会发生这样的现象。

也就是说，后天习得的知识、经验，会在无意识中作用于人类大脑，这就叫作“认知”。

眼睛看到的事物并不是直接的认识，是在大脑内进行了各种修正处理后的产物。与其说是眼睛看事物，不如说是大脑在看。对时间的感觉也是同样的道理。

## 感知时间的器官是大脑

我们在感知时间的时候，身体机能是如何运作的呢？人类并没有直接感知时间的器官。因此，大脑的前额叶会依据包含五感在内的各种外部刺激、信息，以及迄今为止学到的知识、经验来“认知”时间。

大多数人都知道三分钟有多长。用热水泡面，即使不看表，我们也能大概知道等多久就可以吃了。经验丰富的拳击手，可以在正好三分钟的时间里持续进行空击练习而不用计时。在这两个情境中，大脑依据过去的经验，对三分钟的时长进行了认知。

那么，如果有人对你说“请试着想象一下从现在开始一年的时间有多长”，你能够正确想象这段时间吗？能够在一年之后，说出“到今天刚好是一年”吗？这基本不可能办到。

而且，即便是同一个人，对于一年的感知，也会随着时间和情境的不同发生变化。比如，某一年，你刚刚开始创业，每天都忙得晕头转向，应该会觉得这一年非常短。相反，如果你生病住院，是不是就会觉得这一年极其漫长呢？

人们常说，人类感知时间的快慢，会根据心情、年龄的不同而发生改变。即使播放同一首乐曲，在很安静或是睡眼惺忪的时候，会觉得它节奏很快，但如果是在剧烈运动或工作之后，就会觉得节奏很慢。可以说，人类感知时间的快慢，是相对的，而且个体间也存在差别。

动物生理学家本川达雄在他的著作《大象的时间，老鼠的时间》[①]中，是这样解释的：

动物的时间和它体重的四分之一次方成正比。……人类是视觉主导型生物。我们可以准确地认识空间，理解这世界上有许多大小不同的生物。但是，我们的时间感觉却并不怎么发达。人类的感官好像并不能精确地推测外界的时间，所以，我们头脑中可能只有一种时间轴，那就是自己固有的时间轴。关于时间，可以说人类受到了外界的封锁。

## 年纪越大时间过得越快

我们应该都有过这种感受：年纪越大，越觉得时间过得快，一年时间就像一天一样。这种“年纪越大越觉得时间过得快”的感觉，就叫作“雅

① 本川达雄著，乐燕子译：《大象的时间，老鼠的时间》，海口：南海出版公司，2010年4月。

内法则”。“雅内法则”由19世纪的法国哲学家保罗·雅内（Paul Janet）最先提出，他的侄子心理学家皮埃尔·雅内（Pierre Janet）在著作中介绍了这个法则，即人感知的时间长短，和自己的年龄成反比。

我们之所以觉得时间过得越来越快，是因为上了年纪之后，动作和思考的速度变慢，单位时间的工作量因此下降。

年轻时明明十分钟就可以走完的路程，现在要花二十分钟；年轻时一天就可以完成的工作，现在要花两天的时间，这样，我们就会觉得现在的时间过得比以前快一倍。

也有人认为，年纪越大越觉得时间过得快，是因为感受到的时间和累积的经验量成反比。对于一个七岁的孩子来说，一年是他人生的七分之一，而对于一个七十岁的老人来说，一年是他人生的七十分之一。因此，后者会感觉一年过得更快。

如此看来，对时间的认知是一件很复杂的事。每个人都有自己认知时间的标准，这样一来，钟表计量的时间和人感知的时间就会产生很大差距。同样的一年时间，长短会由于各种因素的影响发生变化，所以，对于人类来说不存在长短相同的一年。而且，我们没有感知时间的器官，对于一年时间有多长的判断就更加模糊了。

闭起一只眼睛，看到距离不同的两根手指“长短相同”，这虽然是大脑修正后的结果，但我们也可以通过视觉确认：靠近眼睛的手指长度是另一只的两倍。

对于时间，我们却不能这样来感知。从现在开始将要经历的一年是独一无二的，不能和其他的任何一年进行比较，而且我们也没有比较时间长短的器官。

我们只能说过去的一年“过得好快呀”，而不能事先预测说“这一年将会过得很快吧”。

高精确度的原子钟，3000万年只有1秒的误差，能够非常准确地计量时间。但发明它的人类，却连一年的时间都没办法准确把握。

## 效用和时间的关系

个人在判断投资还是消费时，除了要把握货币价值，还要考虑自己对金钱的效用（满足程度）。我们必须注意，效用和时间也有很大的关系。金钱带来的效用会在第五章详细论述。

$$当前时间点的货币价值 = N年后的现金流量 \div (1 + 折现率)^n$$

在金融理论中，上述公式中的折现率反映了未来现金流量的不确定性（风险）。

本书在第二章曾就折现率（利率）进行过说明：把钱存入银行时，即使利率是 0.1% 也可以接受；把钱借给一个不太熟的朋友时，即使利率是 30% 也会犹豫。当利率高达 30% 时，这个朋友还是愿意借钱，我们就会强烈怀疑他是否打算还钱。利率就是这样决定的，它反映了将来收回借款的风险。

同样，人类评价金钱效用的公式可以表示如下：

$$当前时间点的金钱的效用 = N年后的现金流量的效用 \div (1+ 折现率)^n$$

但是，这个公式中的折现率，和金融理论中使用的反映不确定性（风险）的折现率是不一样的。效用和时间的关系非常复杂，我们必须先确定反映二者关系的折现率。另外，每个人对于时间的感觉有很大不同，所以，即便是相同的时间，效用也会因人而异。

当利率为 10%，一年后的 100 万日元，现值为 90 万日元。但是，对于“这一年感觉过得像十年一样久”的人来说，情况又如何呢？此时的效用是 100 万日元 $\div 1.1^{10}$，即 38 万日元。

## 平均预期寿命和折现率的关系

我们对折现率的定义，并没有将人类对时间感知的失真情况考虑进去。下面，笔者将讲述三个由于对时间的感知不同而使效用失真的例子。第一个例子就是平均预期寿命和折现率的关系。

我们假设有两个投资方案，一个是今天投资 100 万日元，十年后可以得到 200 万日元，收益率（折现率、利率）是 7.18%。另一个方案是，今天投资 100 万日元，四十年后可以得到 2000 万日元，收益率是 7.78%。

如果两个投资方案的不确定性（风险）相同，我们理论上应该更喜欢收益较高的四十年的投资方案。但是，这里牵扯到时间的问题。

如果你是一个二十岁的年轻人，考虑到自己的晚年，可能会选择四十年的投资方案。但如果你是即将步入退休的六十岁老人，情况又会如何呢？可想而知，四十年后收到的 2000 万日元，对你来说几乎没有任何价值。

你甚至不知道自己能不能活到一百岁。即使活到一百岁，拿到 2000 万日元又能花在什么地方呢？

所以，估算自己还能活多少年，即知道自己的“预期寿命”，是判断投资还是消费的时间因素之一。

从平均预期寿命的角度考虑折现率（利率），时间越长，折现率越高。和金融理论中的稳定折现率相比，这种情境下价值减少的速度更快。

我们不妨想象一下，未来能获得的金钱对于当下二十岁的人和八十岁的人带来的效用有什么不同。比如十年后的金钱，对于二十岁的年轻人来说，未来获得金钱的效用和现在并没有什么差别；而对八十岁的人来说，十年后的金钱几乎没有任何价值。如果是十岁的少年，十年后的金钱或许比现在就获得这部分金钱效用更高。

## 十年后的自己是另外一个人

在《哆啦 A 梦》中，大雄使用时光机前往未来，遇到了成年后的自己。成年后的大雄只有身体变大了，还是戴着和小时候一样的圆眼镜，被成年的胖虎欺负。大雄的内在几乎没有任何改变。

未来的我们，内在真的不会发生变化吗？英国哲学家德里克・帕菲特（Derek Parfit）曾说："将来的我和今天的我是完全不同的人。简直就是另外一个人。"

行为经济学家丹尼尔・戈尔茨坦（Daniel Goldstein）在 TED 演讲时说道："一个人身体里有两个大脑，一个大脑思考着现在的自己，另一个预测着未来的自己。"

假设他的说法是正确的，那么将来的自己和现在的自己就会拥有完全不同的兴趣、爱好和思维方式。也就是说，现在对自己有价值的东西，将来不一定有同等的价值。因为将来的自己和现在的自己是完全不同的人，对于效用的感受也会不同。

总之，我们在计算未来的效用时使用的折现率，必须考虑到"变成了另一个人的自己"。这是时间影响效用的第二个例子。

## 付款和消费发生在不同的时点

我们花钱购买某种商品或服务的时点，和我们消费这个商品或服务的时点不一定相同。像吃饭、按摩这一类消费，我们付款之后立即就能获得效用。但是像读大学或定期人寿保险等，付款和获得效用发生在不同的时点。

比如你希望自己可以熟练运用英语，成为一个在国际舞台上大显身手的专业人士，于是向英语培训学校预交了两年的学费 1000 万日元。但是，两年后你会获得什么呢？

经过两年的学习你真的可以熟练掌握英语吗？或者两年后，你找到了一份比去国外上班更有魅力的工作。如果这样，那么你通过到英语培训学校学习所能获得的效用就会大幅减少。

假设你是一家公司财务部的科长，有想法有野心，希望早日晋升为部长。这时，竞争对手公司希望你跳槽。

如果跳槽到竞争对手的公司，你的年收入将会增加 20%。但是，在现公司晋升到财务部长的梦想就无法实现了。究竟该如何取舍，你对此非常苦恼。

你之所以感到苦恼，是因为没有亲身体验过“晋升至部长的效用（满足程度）”。你只能通过回忆“晋升至课长的满足程度”，来想象晋升至部长时的满足程度。

但是，虽然你还清楚地记得第一次接到管理职位任命书时的得意和满足感，可还是很难判断跳槽和晋升至部长的满足程度，究竟哪一个更大。

## 拥挤的电车和延误的飞机

东京都的早高峰还是老样子，挤满站台的人群争先恐后地挤入已经满满当当的电车。尽管车站广播提醒“请等待下一趟列车”，却没有人真的在听。只要观察几次，我们就会发现，一般情况下，电车按照预定的时间在各站点之间运行，并且下一趟列车通常人会比较少一些。即使知道这条经验法则，大多数人还是会选择搭乘眼前的这趟电车。

你熬过上班高峰，好不容易到了公司，却接到上司的命令，要求你一个星期后出差一趟。于是你立刻预订早晨七点从羽田机场起飞的航班，遗憾的是机票已经卖完了，只好定了八点的航班。

最终，你只能预定比计划晚一小时的航班，你会因此产生多大的损失感呢？这份损失感和没能坐上早晨那趟拥挤的电车、只能等待下一班时那种焦急的心情相比，应该要小得多吧。

上下班高峰时段的电车每三分钟一趟，和只能预订晚一班的飞机而延迟了一小时相比，时间上的损失只不过是后者的二十分之一。但是，从感受到的效用来说，当下的三分钟，比一个星期之后的一小时，损失要大得多。

对于人们来说，现在是最重要的，消费（获得效用）的时点只要比现在晚一点点，就会感觉蒙受了巨大的损失。但是，未来的延误，我们并不会那么在意。

也就是说，与现在间隔时间较短，人们感受到的效用会大幅减少。但如果与现在间隔的时间较长，效用减少的幅度会渐趋平缓。这就是时间影响效用的第三个例子。

## 明天的苹果和一年后的苹果

我们来观察一下购买新建公寓的购房者。由于最近经济形势好转，公寓的需求非常旺盛。很多新建公寓在施工之前，就已经签订了购房协议。人气高的公寓楼甚至由于购买者众多，需要抽签才能买到，有些人想买也买不到。但是，购房者支付定金之后，至少还得等一年才能收房。

另一种情况下，比如我们在一家家庭餐馆，点餐之后过了二十分钟还没有上菜，这时我们又会如何呢？我们肯定会催服务员快些上菜。

可是，即使是在餐厅点餐后连二十分钟都等不及的人，也愿意为了房子等上一年甚至更长的时间。

如前文所说，现在是最重要的时点，即使消费的时点稍微延迟，我们也会感到巨大的损失。而另外却有报告称，高价商品的效用，并不会因为消费时点与现在的间隔大幅减少。

购买房子、汽车等高价商品时，需要稍稍等待一段时间才能获得，并不会使我们感到痛苦。但是购买便宜的商品时，我们却不允许有丝毫的延迟。也就是说，便宜的商品，其折现率要大于高价商品。

行为经济学家理查德·塞勒（Richard Thaler）曾说过下面一段话：

在“明天得到两个苹果”和“今天得到一个苹果”两个选项中，选择“今天得到一个苹果”的人，也会在“一年后得到一个苹果”和“一年零一天后得到两个苹果”中，选择“一年零一天后得到两个苹果”。

## 时效和收益，哪个更重要

通过前文的几个例子我们了解到，根据选取的时间轴不同，我们对于效用的相关判断也会发生改变。在总结本章内容时，让我们先来思考两个问题。

### 保险问题

有人来推销人寿保险。不是定期人寿保险，而是到期之后会返还一部分保险金的保险。A 保险是十年期满后返还 3000 万日元，B 保险是十一年期满后返还 3100 万日元。你会选择哪一种保险呢？

### 汽车问题

你在二手车交易市场上看到一辆心仪已久的汽车，但是要价 300 万日元，高出你的心理价位，你正犹豫是否要购买。这时，卖家告诉你，还有一个人也想要这辆车，而且提出想要购车的时间和你差不多。卖家劝你说

“一个月之后，还会到货一辆相同型号、相同款式的汽车，你要不要等等那一辆”，还提出届时会免费为你安装价值 10 万日元的车载导航系统。你会接受卖家的提议吗?

大多数人应该都会选择“3100 万日元的 B 保险”和“支付 300 万日元，无论如何也要在今天提车”。

但是，按照金融理论的公式，比如，以 5% 的折现率计算各自现金流量的现值，会发现 A 保险的现金流量现值更高，一个月后提车并享受免费安装车载导航系统的方案更加划算。

尽管如此，大多数人还是选择了相反的选项。原因在于，保险属于“将来的效用”，适用较低的折现率，所以未来现金流量的大小常常会成为判断的依据。

如果我们现在正打算买车，就会认为一个月后属于“不久的将来”，这时就适用较高的折现率，所以现在就购买比较划算。另外，购车的金额低于保险的金额。因此，支付金额的大小，也是判断“何时购买”的重要依据。

买车之后就想立刻开上路，买了衣服之后就会马上穿上。这是人之常情。有时我们即使知道下周就有打折促销，可以以三折的价格买到，但止不住喜欢的冲动，还是会立即以原价买下来。

## 现在是最重要的时刻

将人们对于时间和效用的感知综合起来看，就会发现：一般情况下，人们倾向于重视现在，未来的现金流量带来的效用会逐渐减少。

在一定时期内，我们能够利用折现率推算出未来现金流量带来的效用，这里的折现率是根据风险大小得出的。但如果时间是遥远的将来，我们就会意识到自己生命有限，进而选择较高的折现率。

年轻人能够正确看待遥远未来的现金流量带来的效用，而同样的现金流量给当下的老年人带来的效用就要明显低很多，并且随时间的推移骤降。老人看上去特别豁达，可能就是因为对于金钱不过分执着。关于现金流量和人生的关系，本书会在第七章再次论述。

Chapter 4

# 钱包里的“歪曲硬币”

## ——概率的错觉

我们不可能时时刻刻都根据合理的判断来购物。谈到消费，我们有时候并不会考虑效用，经常因冲动而买下一些并不迫切需要的商品。

那么我们在投资时又会如何呢？投资行为在获得资产增加的同时，也伴随着现金流量的不确定性（风险）。由于我们无法对不确定性进行判断，有时候也会造成投资失败。

如果说到投机（赌博），更是会有人因为过于沉迷其中而倾家荡产。

本书在第三章曾提到，无法进行合理判断的原因之一，就是我们还没有找到一个合理的方法，能够将时间因素结合起来判断。正如前文所说，年龄、环境不同，人们对时间的感觉也会有很大不同。即使对同一个人来说，时间的长短也会因情境不同而不同，从而引起现金流量效用的复杂变化。

而且，在你的钱包中还时常会有迷惑你判断的“歪曲硬币”。一般来说，扔一枚硬币，正反面向上的概率应该是各为50%。“歪曲硬币”只有正面朝上。这枚硬币让你产生一种错觉：“抛一枚硬币一定是正面朝上”或者“目前为止一直是正面朝上，下一次应该会是背面朝上了吧”。本章，我们就来具体介绍几个“歪曲硬币”的例子。

## 这张彩票值多少钱

我们来思考下面这个游戏。在一场赌徒的聚会上，参会的100名会员决定玩一项游戏。

- 每位会员缴纳 1 万日元的参加费用。
- 每位会员都会分到一张写有数字的卡片，每张卡片的数字为 1 ～ 100 中的任意一个。
- 然后，主办者的助手会从装有 100 个小球的箱子中随机取出一个小球。箱子中的小球上分别写有 1 ～ 100 中的任意一个数字。
- 卡片上的数字与助手取出的小球号码相同的会员，可以得到 100 万日元的奖金。

到目前为止，游戏还非常简单。接下来，我们稍稍改变一下宣布中奖号码的方法。改由主办者依次宣读未中奖号码，逐个排除中奖人选。

非常遗憾，第三十个未中奖的号码就是你的。之后主办者继续宣读，最终只剩下 20 号和 81 号两个号码。

这时，你旁边的男人晃着手中的 20 号卡片，向你提议说："在最终宣读中奖号码之前，我可以把 20 号卖给你。"他开价 10 万日元。你会答应这笔交易吗？

奖金为 100 万日元，剩下的号码只有两个，20 号中奖的概率是 50%，所以它的期望值应该就是 50 万日元。可以用 10 万日元买到价值 50 万日元的卡片，应该是笔划算的交易。这样一想你觉得可以答应他的提议。

但事实果真如此吗？实际上，你和他交易所得到的期望值并不是 50 万日元。如果你高高兴兴地付了 10 万日元，就落入了这个男人准备好的陷阱里。

中奖号码在一开始就由助手选出，主办者也由此知道中奖号码。这时从 1 号到 100 号，每张卡片中奖的概率都是 1%。也就是说中奖号码是 20 号的概率也是 1%。

虽然主办者一直在宣读未中奖号码，但中奖号码从一开始就是确定的，所以在宣读过程中，20 号中奖的概率并不会发生改变，只是由于某种偶然的原因，20 号才留到了最后两位。

中奖概率为 1% 时，20 号卡片的期望值就变成了 1 万日元，与最开始时缴纳的 1 万日元参加费用相同。花 10 万日元去买这张卡片，其实是吃了大亏。

如果有人还是无法理解，那么下面的说明可能更加有效。拿着 20 号卡片的男人和主办者认识，如果他对主办者说“即使我的卡片没有中奖，也希望你可以把它留到最后宣读”，这时情况会如何呢？由于并未对中奖号码做手脚，主办者这样做不会有任何罪恶感，于是在不知道这个男人的小把戏的情况下答应了他的请求。

然后，那个男人只要找一个容易上当的冤大头就可以了。而你正好运气不佳，成了他的“中奖彩票”。

我们试着改变一下规则。助手从箱子里逐个取出小球，最后剩下的就是中奖号码。如果游戏规则变成这样，情况又会如何？这种情况下，第一次取出小球时你的中奖概率是 1%，但随着未中奖号码的增加，你的中奖概率会逐渐升高。

如果最后两个球中有一个是 20 号，那么它中奖的概率就是 50%。期望值就是 50 万日元，因而花 10 万日元买下 20 号卡片这时是可行的。乍看之下这两种方案好像是相同的，但改变规则之后，实质已经截然不同。

世界上有很多这种利用概率的错觉进行诈骗或者从事商业活动的例子。我们要认识到，大多数时候，有人突然打电话通知你“你被选中了”的时候，除你之外的很多人也同时“被选中了”。

## 人们不擅长概率

正如前文所说，我们很难正确把握概率。钱包里的“歪曲硬币”，其实就是我们对于概率的误解。

人的大脑虽然可以推导出合理的概率，但最终还是会相信自己的直觉，落入别人的圈套。而使用了错误的概率，结果就会错误判断商品或服务的价值。

即使是确立了欧几里德几何学的古希腊人，也没能发展概率论。古希腊人认为，将来发生的一切都取决于神的意志，他们没有“偶然”这个概念，认为所有的一切都是必然。

古希腊人也赌博，但没有骰子。他们用动物趾骨制成的“astragalus”（距骨）代替骰子进行占卜。“astragalus”是不规则的六面体，它和正六面体的骰子不同，无法事先得知掷出点数的概率。或许，正是因为古希腊人使用不规则的六面体，才没能发展出概率论。

但我们并不能说现代人比古希腊人在概率方面有所进化，事实并非如此。即使是现在，也很少有人能对概率持合理看法。笔者再次重申，我们的钱包里虽然没有“astragalus”，却有着“歪曲硬币”，它常常使我们无法估计合理的概率。

人们不擅长概率，有一种解释是因为现实中的事实独一无二。概率论能从各种样本中推导出一定的比例，但现实中，很多时候我们只尝试一次就会产生结果，根本没有“再试一次”的机会。

有一些奋战在前线的士兵，所在部队全军覆没，独留他们一人生还，这些人在今后的人生中，都会认为“自己是受神保护的特别之人”。人们会有一种倾向，即将偶然当作命运，以此来发掘某种特殊的含义。

概率论可以说是一门“神之视角”的学问。每个人在神看来，都不过是众多样本中的一个。但是，对于我们自己来说，很难客观地将自己当作样本来看待。

即便如此，我们也想尽可能地提前知道概率，或是提前知道未来现金流量的期望值（均值），这是明智使用金钱必不可缺的要素。

前面曾说，投资或投机对象的价值，是由现金流量决定的。正确说来，是由“现金流量的期望值”决定的，因为现金流量必定伴随着不确定性（风险），如果知道概率，就可以利用下列公式计算期望值。

对象物的价值＝现金流量的期望值＝概率 × 未来现金流量

赌博就是提前知道发生概率的典型例子。摇骰子时，每个点数掷出的概率都是六分之一。我们假设，掷出某一个点数就可以获得该点数十倍的奖金，则此游戏的价值（现金流量的期望值）可以通过下列公式推导出来。

游戏的价值＝ 1/6（概率）×（10 日元＋ 20 日元＋ 30 日元＋ 40 日元＋ 50 日元＋ 60 日元）＝ 35 日元

如果参加这个游戏的费用少于或等于 35 日元，我们就可以参加。实际上，赌局的庄家为了挣钱，往往会收取较高的参加费用，同时会把游戏的价值（奖金数额）压得更低。

## 你的直觉正确吗

因为歪曲硬币而导致概率推算出错的例子有哪些呢？下面我们就来介绍几个。大家可以试着想想自己能否做出合理的判断。

假设你参加了电视知识竞赛节目，并且大获全胜。在你面前摆放有 A、B、C 三个保险箱，其中一个装有 100 万日元奖金。制作方要求你从中选择一个保险箱，你选择了 A。

主持人盯着你的脸说道：“我们首先来打开 B 保险箱。”接着在全场观众的注视下打开了 B 保险箱。其中什么也没有，你暂时松了口气。

然后主持人开始问你：“你确定选 A 吗？现在可以换成 C。”

是否应该听取主持人的提议呢？

你根据直觉判断，100 万日元不是在 A 保险箱就是在 C 保险箱，无论是否更改选择，期望值都不会改变。

但实际上，换成 C 保险箱后获得 100 万日元的概率是坚持选 A 保险箱的两倍。

原因是，在 B 保险箱打开前和打开后，A 保险箱中放有 100 万日元的概率都是三分之一，不会发生改变，期望值都是 33 万日元。而在 B 保险箱打开前，100 万日元放在 B 或 C 保险箱中的概率是三分之二。但是在弄清楚 B 保险箱中没有奖金的瞬间，C 保险箱中有 100 万日元奖金的概率就变成了三分之二，选择 C 保险箱时的期望值就是 66 万日元。和继续选择 A 保险箱相比，期望值增加了一倍。

所以，有时候只依靠直觉，可能会错过好不容易得来的机会。

## 关于概率的错觉根深蒂固

“三门问题”是非常有名的概率问题。前文中提到的“这张彩票值多少钱”就是出自这个问题。

提出“三门问题”的蒙提·霍尔（Monty Hall）是一名电视节目主持人，在他的节目“Let's Make a Deal”（我们做场交易）中，有和上述例子几乎相同的环节。

关于这个问题，*Parade* 杂志人气专栏《玛丽莲答问》（Ask Marilyn）的作家玛丽莲·沃斯·莎凡特（Marilyn vos Savant）写道，“交换保险箱比较有利”。玛丽莲的智商高达 228，是吉尼斯世界纪录所认定的智商最高的人。针对她给出的答案，很多人批判道“你说错了”。

关于这个两难问题，我们已经知道玛丽莲的说法是正确的，但应该还是会有许多人，即使读了上述解释，在理解其中道理的同时，直觉上却还是无法认同，总觉得哪里怪怪的。

笔者自己在提出“这张彩票值多少钱”的问题时，也有一些混乱。可见关于概率的错觉在我们心中根深蒂固。

## 人们总是选择遗忘先验概率

下面来看另外一个例子。假设你梦想成为一名演员，并为之努力了十年，但仍然一无所获，不知什么时候才能熬出头。你得知某部电影要通过试镜会选取角色，认为这是自己最后的机会，于是决定去试镜。你事前接到通知，包含女一号（男一号）、女二号（男二号）在内，被选中的概率是千分之一（1‰）。

如果这次落选，你打算回老家，找家公司去上班。实际上，你已经收到了一家公司的内定，只需要在明天结束前给出回复就可以了。就在你等待试镜结果的时候，收到了电影公司的邮件通知。

幸运的是，邮件上写着“合格”两字。你正打算开一个盛大的庆祝派对的时候，又收到了一封电影公司的邮件，上面写着：“我们已经将结果通知了所有参加试镜的人员，但是有 1% 的参加者收到的结果是错误的。正确结果将于后天再次通知大家。”

明天你必须向收到内定的公司做出答复。在收到正确结果前，你就必须做出决断。试镜合格的通知，正确的概率为 99%。那么，自己收到的合格通知恐怕也是正确的。抱着这样的想法，你拒绝了内定的工作。

这样的决定是否明智呢?

实际上，你应该悲观一些。后天，你收到“正确结果是不合格”这种坏消息的可能性会在 90% 以上。

为了方便计算，我们假定参加试镜的人正好是10000人。合格的概率是千分之一，也就是说，只有10个人合格。在收到通知的10000人中，收到错误通知的人有1%，即100人。

合格的概率只有千分之一，我们假设这100人明明没有合格却收到了合格通知。那么，收到合格通知的人就包括真正合格的10人和没有合格的100人，共计110人。

因为其中只有10个人真正合格，110人中剩下的100人都不合格，所以你收到坏消息的概率为90.9%。

在这个问题中，有一个“先验概率”，即1000人中只有1人合格。但是，你得知了另一个信息——有1%的人收到了错误的通知，于是被1%的概率迷惑，忽略了先验概率。

这样的例子还有很多。2001年美国“9·11”事件中，有3000多人丧生。更加不幸的是，事件发生后，还有许多人因为间接原因失去生命。

“9·11”恐怖袭击事件之后，许多美国人出行时，不选择乘坐民航飞机，而选择自驾。因此，2001年10月至12月期间，美国全境因机动车事故死亡的人数，与前一年相比约增加了1000人。

许多人都知道，飞机事故的发生率要远远小于机动车事故。但是，恐怖袭击事件引起的空前恐惧感，将这个先验概率从人们的大脑中抹去了。

## 貌似完全一样，实则迥然不同的游戏

下面，笔者将介绍两个猜颜色的游戏。你认为哪一个游戏对自己更有利呢?

两个游戏非常相似。首先，在一个箱子（甲箱子）中放入数量相同的黑白两色围棋子，你闭着眼睛从甲箱子中任意取出一枚棋子，放入准备好的另一个小箱子（乙箱子）中。然后，重复刚才的动作，再从甲箱子中取出一枚棋子放入乙箱子。于是，乙箱子里现在有两枚棋子。

在这一相同前提下，做第一个游戏时，你可以向组织者提问。你问道：“乙箱子中有白棋子吗？”组织者回答道：“有。”然后从乙箱子中取出一枚白色棋子。你拿出 1 万日元赌剩下的一枚棋子也是白色的。如果你赢了，会得到 2 万日元，输了就损失 1 万日元。

做第二个游戏时，你可以请求组织者：“请让我看一下第一次放入乙箱子的棋子。”组织者取出的棋子是白色的。你拿出 1 万日元，赌小箱子里剩下的另一枚棋子也是白色的。如果你赢了，会得到 2 万日元，输了就损失 1 万日元。

直觉上，这两个游戏似乎完全相同。但实际上，这是两个完全不同的游戏，而且选择第二个游戏对你更加有利。

下面笔者来解释一下原因。在两个游戏中，你放入乙箱子的棋子有以下四种组合方式。

A　第一次：白　　第二次：白
B　第一次：白　　第二次：黑
C　第一次：黑　　第二次：白
D　第一次：黑　　第二次：黑

第一个游戏中，因为组织者承认“乙箱子中有白棋子”，所以棋子组合方式是 A、B、C 中的一个。在这三种组合中，另一个棋子也是白色的概率是三分之一。

在第二个游戏中，第一次放入乙箱子里的棋子是白色的，则棋子组合方式只能是 A 或 B 中的一个。因此，第二次放入的棋子是白色的概率为 50%。而第一个游戏中，概率只有 33%。

本书在“三门问题”中也提到，人们在赌一把碰运气（概率为 50%）时，会对概率产生错觉。原因不是非常明确，可能是因为我们不擅长把握所有可能发生的事件。

说得极端一点，我们只听到扔硬币，就会主观断定正面朝上的概率是50%。但是，扔出去的硬币可能掉进路边的排水沟里，也可能在落到地面之前就被乌鸦叼走了。这些意料之外的情况也时有发生。

要提前合理预计所有的事件，是非常困难的。我们无法想象世界上还会发生什么，却总是在事情发生前，过分武断。

## 对回归平均的误解

扔五次硬币，全部正面朝上。下一次扔硬币时，你会赌正面朝上还是背面朝上呢？认为应该是背面朝上也是人之常情。

在观看棒球比赛时，安打率为30%的击球手在三垒出局之后，进入下一垒。因为此击球手的安打率是30%，我们会认为在这一垒他应该会打出安打。

但是，下一次扔硬币，正面朝上的概率还是50%；安打率30%的击球手在下一垒打出安打的概率也只有30%。

如上所述，我们常常会因为只观察少数的几个样本而产生错觉。以扔硬币为例，在包含无数次扔硬币结果的全集中，正面朝上和背面朝上的结果各占一半。这叫作大数定律，样本数越多，越接近理论值。

扔五六次硬币，应该有一半正面朝上，所以连续扔五次都是正面朝上的时候，我们就会认为第六次会是背面朝上。这叫作小数定律，也被称为赌徒谬误。

赌徒谬误（小数定律）被认为是人们误解“回归平均”的原因之一。

回归平均是指，当上一次的数据和平均值偏差较大时，下一次的数据会比上一次更接近平均值。

我们以扔硬币为例来说明。扔 10 次硬币都是正面朝上时，正面朝上的概率就是 100%。再接着扔 90 次（合计扔 100 次），会出现多少次正面朝上的结果呢？

我们已经强调过很多次，即使先扔的 10 次中，正面朝上的结果较多，也并不意味着剩下的 90 次中更容易出现背面朝上的结果。剩下的 90 次中，正面朝上和背面朝上的概率依然是各为 50%，不会受到之前 10 次结果的影响，所以大约会有 45 次正面朝上。这时，和最初 10 次的结果加在一起，正面朝上的期望值就是 55 次，而不是 50 次。

虽然最初的 10 次中正面朝上的概率是 100%，和平均值偏差非常大，但是扔完 100 次之后再看，正面朝上 55 次，非常接近平均值 50%。这就是回归平均。

但是，很多人会将回归平均错误地理解为“对于一个我们期待的结果，如果这一次出现了一定偏差，下一次一定会出现与这次相反的结果”。因此我们就会产生这样的误解——前 10 次正面朝上的次数较多，剩下 90 次中会比较容易出现背面朝上的结果。

2013 年，乐天金鹫队戏剧性地在中央联盟（日本职业棒球联盟）中夺冠。2014 年，却排在太平洋联盟的最后一名。这并不是回归平均。根据乐天金鹫队过去的排名，平均值应该是第三名。如果我们将在中央联盟中夺冠看作是一个偏离平均值的结果，那么在第二年的比赛中，乐天队获得第三名才是回归平均。掉到最后一名，也可以说是一个偏差较大的结果。

顺便一提，查阅 2014 年太平洋联盟中的其他五支队伍的成绩，会发现 2013 年的结果和 2014 年的结果截然相反。埼玉西武狮队从第二名跌至第五名，千叶罗德海洋队从第三名跌至第四名，欧力士野牛队从第五名升至第二名。这也可以叫作过度“回归平均”。

在我们面对的概率陷阱中，赌徒谬误是最具诱惑力的一个。我一直输到现在，也差不多该赢了吧——这种想法实乃人之常情，甚至看上去俨然真理。但是，就算连续 10 次硬币都是正面朝上，下一次正面朝上的概率依然是 50%。

## 抽一百张中奖率都是 1% 的奖券

笔者在读小学低年级的时候，家附近的杂粮点心铺经常会卖一种奖券，一张 10 日元，奖品是当时很火的动画角色的树脂玩偶。

笔者特别想要那个玩偶，于是问杂粮点心铺的老板："这些奖券里大约有多少个奖品呢？"老板回答说："100 张奖券里有 1 张会中奖。"

虽然无法确定老板的话是否正确，但笔者当年幼小的心里想着的是："如果买 100 张奖券，一定可以抽中玩偶。"

考虑了一个晚上后，笔者取出自己的小金库，花 1000 日元抽了 100 张奖券。然而结果非常残酷，只抱回了一堆口香糖和巧克力。

长大之后再回想这件事，才发现当年的如意算盘实在是打错了。中奖率为 50% 的奖券，即使抽两张，中奖率也不会变成 100%。

这种情况下的中奖率是 75%。抽两张奖券，一张也没有中奖的概率是 50% 与 50% 的乘积，即 25%。100% 减去 25% 为 75%，这就是两张奖券至少一张中奖的概率。

那么，当中奖率为（1 ÷ X）%时（假设抽 X 次奖券），如果 X 逐渐增加，至少有一次中奖的概率会怎样变化？

中奖率为 10% 的奖券抽 10 次，笔者之前挑战的中奖率 1% 的奖券抽 100 次，中奖率为 0.1% 的奖券抽 1000 次，这三种情况下至少有一次中奖的概率会如何变化？

即使是成年人，对于这个问题也很难凭直觉得出正确答案。笔者在教成年人金融课程时，多次向来校的学生提问过这个问题。其中，回答"至少抽中一次的概率会逐渐接近 100%”的学生占全体的 80%，回答“完全没有变化”的有 10%，回答“逐渐减少”的学生也占 10%。

解答此问题的算式为：$1-(1-1/X)^X$。此算式中的 X 逐渐增大，结果会逐渐趋近 63.2%。这才是正确答案。

即使我们长大成人，关于概率的直觉也依然没有改善。

与零后面跟着好多位小数、绝对值较小的概率相比，人们很容易被后面跟着许多个零的试验次数吸引注意力。另外，人们关于数字的感觉还会受到绝对值的影响。

## 交换信封的两难推理

除了概率，我们在求平均值时也会产生错觉。下面通过两个例子来解释说明。

在你的眼前有两个信封。信封中都装有现金。你事前已经知道，其中一个信封中的钱是另一个的两倍。

你和另一个玩家相对而坐，各自选择一个信封。所选信封中的钱就属于自己。

你打开自己选择的信封，里面是 10000 日元。另一个玩家也打开信封确认了里面的金额，然后缓缓地对你说：“我可以和你交换信封。”你应该同意他的提议吗？

我们先来考虑一下期望值。你的信封中装有 10000 日元，那么对手的信封中应该是 20000 日元或 5000 日元，概率各为 50%，期望值即为 12500 日元。

如果你答应交换信封，就需要投进已经到手的 10000 日元，赌一把 12500 日元的期望值。这看上去是很划算的赌局。

上述想法究竟是否正确呢？答案是并不正确。

我们站在对方的立场来想想看。为什么对方会提议交换信封呢？因为对方也和你一样在计算期望值。

假设对方的信封中装有 20000 日元，那么他会认为你的信封中装有 10000 日元或 40000 日元，期望值是 25000 日元，和你交换非常划得来。

如果对方的信封中是 5000 日元，那么他会认为你的信封中装有 2500 日元或 10000 日元，期望值是 6250 日元，和你交换同样非常划得来。

这些计算貌似是正确的，但是两个信封里装有的现金总额在开始时就是固定的，并不会发生变化。

而且，即使是凭直觉判断，交换信封后也不可能实现双赢。

求平均值的方法并不是只有一种。我们经常使用的平均值是算术平均数，方法是“两者相加再除以二”。与算术平均数相对的是几何平均数，计算方法是“二者相乘之后求平方根”。

还有一种计算方法是“求各数据平方的算术平均数，再取平方根”，叫作平方平均数。以上三种都是平均数，但由于计算方法不同，结果也各不相同。

下面，我们将分别用三种方法计算交换信封的期望值（现金流量的平均值）。

算术平均数为 12500 日元：

$$\frac{5000+20000}{2}=12500$$

几何平均数为 10000 日元：

$$\sqrt{5000\times20000}=10000$$

平方平均数为 14577 日元：

$$\sqrt{\frac{(5000\times5000\times20000\times20000)}{2}}=14577$$

信封游戏如果取几何平均数，交换现有的 10000 日元后得到的期望值依然是 10000 日元，无论交换与否结果都相同。也就是说，从投资收益率（几何平均数）的角度考虑，交换与否结果都相同。在本例中交换带来的收益率是 0.5 或 2.0，几何平均数的收益率是 1.0，与交换前相同。

一般来说，比例如果发生了变化，在求平均数时，使用几何平均数要优于另两种方法。在本游戏中，如果我们将信封交换后发生的变化作为评价标准来求平均数，是可以得出合适结果的。

但是，从增加的金额（算术平均数）角度考虑，交换信封看上去更加有利。所以很多时候，我们总是会优先使用算术平均数，凭借算术平均数的结果进行决策。因为金额的绝对数量更能直接触动我们的神经。

可如果要说优先考虑增加金额的人一定会交换信封，其实也并非如此。如果信封中装有 10000 日元，你可能会交换；但如果装有 100 万日元，你还会交换吗？比起不确定的 125 万日元，大多数人应该会选择实实在在的 100 万日元。关于这个现象，我们会在第五章详细论述。

## 比较法系车和日系车的耗油率

我们再看一个容易被平均数迷惑的例子——汽车的耗油率。

最近生产的汽车已经可以即时显示耗油率了。出于环保的考虑，很多司机也开始选择一款效率高、油耗低的汽车。

日本的汽车制造业在开发、生产低油耗车方面，处于世界顶尖水平，而法国的汽车制造业也毫不逊色。

假设你目前正在犹豫是购买日系车还是法系车。

备选日系车在低速行驶时的耗油率是每升汽油行驶 10 公里，高速行驶时的耗油率是每升汽油行驶 40 公里。

另一辆备选的法系车无论行驶速度快慢，耗油率都是每升汽油行驶 20 公里。

你平时开车，低速行驶和高速行驶的时间比率大致相等。那么，你应该购买哪一辆车呢?

日系车耗油率（平均值）为 25 公里 / 升，法系车耗油率为 20 公里 / 升，日系车看起来更好一些。

但如果你住在法国，结果就不同了。原因是法国表示耗油率的方法为“升 / 公里”。也就是表示行驶一公里时消耗多少升汽油。使用这种表示方法，数值越小的车，耗油率越低。

我们用法国的表示方法重新计算。

日系车低速行驶时，耗油率为：

1 升 ÷10 公里＝ 0.1 升 / 公里

日系车高速行驶时，耗油率为：

1 升 ÷40 公里＝ 0.025 升 / 公里

日系车平均耗油率为 0.0615 升 / 公里。

法系车的耗油率为：

1 升 ÷20 公里＝0.05 升／公里

可见，法系车的耗油率更低。

究竟哪一个结果是正确的呢？两种结果都是正确的。日本的计算方法与法国的计算方法都有各自评判耗油率的标准，“一升汽油可以行驶多少公里”和“行驶一公里消耗多少汽油”只是不同的评判标准，争论孰优孰劣毫无意义。

与概率一样，计算平均数的方法不同，或是计算时所选择的标准不同，期望值的优劣也会不同。大多数人注意不到这一点。下面再举一个和评判标准有关的例子。

美元和日元的汇率，2014 年为 1 美元兑 100 日元，我们假设，一年之后汇率会变为 1 美元兑 200 日元，也可能是 1 美元兑 50 日元。

在日本人看来，今天用 100 日元兑 1 美元，预计一年之后 1 美元可以兑 125 日元（200 日元和 50 日元的平均数），他会认为应该投资美元。

如果站在美国人的立场考虑，今天用 1 美元兑换 100 日元，一年之后 100 日元可能会变成 0.5 美元或 2 美元，平均值为 1.25 美元，把美元兑换成日元比较挣钱。

这也是因为“1 美元可以兑换多少日元”和“1 日元可以兑换多少美元”是两种不同的评判标准，按美国人的评判标准得出的结果和按日本人的评判标准得出的结果不同，是完全有可能的。与概率一样，计算平均数的方法不同、计算时所选择的标准不同，期望值的优劣也会不同。大多数人注意不到这一点。

那么，站在日本人的角度思考，真的应该投资美元吗？正确答案是：“如果不考虑个人的风险偏好和风险收益平衡，就无法得出正确的答案”。关于这一问题，本书将在第五章和第六章继续论述。

Chapter 5

# 明知不可能还一直买彩票的理由

## ——判断的习惯

从猿猴进化成人之后，我们虽然开始使用金钱，但还没能明智、熟练地运用它。改善这一状况就是本书的主题。

在第二章中提到，综合考虑将来能够得到的现金流量的期望值及其不确定性（风险）后，得出的折现率（利率），可以用来计算价值。当现金流量为永续年金时，可以用现金流量的数额除以折现率得到现金流量的现值。

比较麻烦的是，有一些因素会对这一公式产生干扰。例如第三章中提到的“把握时间的方法”，第四章中提到的“歪曲硬币”（缺乏概率和平均数相关的知识）。

而且，人类还有着“明知不可以却偏偏要去做”这种与生俱来的“习惯”，它也会影响我们做出合理的判断。

这里所说的习惯，是指受到人类心理影响的行动。有一门研究它的学科，叫作行为经济学，它与金融理论是完全不同的两个学科。下面让我们通过几个例子，对习惯进行一些思考。

## 哪一种赌博参与的人数最多

这几年受到经济萧条的影响，我们花在赌博上的钱减少了，赌博活动的营业额也因此日趋减少。

日本最大的赌博项目是柏青哥，1995年一年的营业额就高达30万亿日元，但2011年时只有19万亿日元。赌马项目在1997年时的营业额为4万亿日元，2012年下滑至2.3万亿日元。和峰值相比，柏青哥下降了37%，赌马下降了42%。

但是，也有个别赌博活动几乎没有受到经济萧条的影响。那就是彩票。2005年彩票的年销售额为1.1万亿日元，创下历史最高纪录，之后年销售额虽然有所减少，但即使是最差的2010年，年销售额也仅仅下滑至0.91万亿日元，与峰值相比，仅下降了17%，还不到柏青哥和赌马降幅的一半。

而且，在参与人数方面，彩票也是无人能敌的。2010年，有购买彩票习惯的人数为5700万人，占日本18岁以上人口的一半还要多。至少购买过一次彩票的人数达到总人口数的75%。

与此相对，柏青哥的参与人数在2004年达到峰值，为2160万人。到2012年，减少了几乎一半，仅为1270万人。参与赌马的人口数据尚不齐全，但参与者大多为常客，实际上应该在几百万人左右。

所以，在参与人数方面，彩票获得了压倒性胜利，保住了国民博彩活动的地位。下面我们来分析一下为什么彩票如此强大。

笔者在此提前声明，下文的论述，并不打算讨论购买彩票的对错。选择彩票，只是把它作为一个例子，来解释影响投资和投机判断的行为习惯。是否购买彩票是个人的自由。

## 彩票并不划算，为什么还能卖出去

购买巨奖彩票已经成为你生活中的一种惯例，为了得到一等奖的3亿日元奖金，你购买了10张连号的彩票。一张彩票300日元，10张就是3000日元。为了3亿日元奖金而花费3000日元购买彩票是不是合理的行为呢?

巨奖彩票一等奖的中奖概率是千万分之一，包含前后奖[1]在内，中奖概率为千万分之三。也就是说，一等奖的期望值是3亿日元的千万分之一，即30日元。和期望值相比，一张彩票300日元的价格的确较高。

即使不是单计算一等奖的中奖率，而是对所有奖项的中奖率计算平均返还奖金，金额也只是在1400～1500日元之间。因为法律规定，彩票的返奖率不能超过50%。

和彩票相对，公营赌博（地方赌马、赛艇、摩托车赛）的返奖率是74.8%，比彩票要有良心得多。

购买彩票的人恐怕也意识到彩票是种不划算的赌博。即便如此，彩票还是年年都在售卖。人们为什么会买彩票呢?

## 可以买到梦想的赌博

先不说彩票打算做到什么程度，但我们一看见彩票，就会掉入“明知会遭受损失，还是让人不由自主去购买”的陷阱中。

第一个原因是一等奖的奖金。一等奖奖金一直走在膨胀的道路上。最开始，每张彩票的中奖金额上限是彩票面值的20万倍。1998年，改为彩票面值的100万倍，2012年时提高至彩票面值的250万倍。

1945年第一次发行巨奖彩票时，一等奖的奖金只有10万日元，到2012年时，已经上涨为6亿日元（一等奖4亿日元和一等前后奖各1亿日元）。

现在的主流趋势是一等奖2亿或3亿日元。看到这个数字你联想到了什么?没错，是所有上班族一生工资的平均数。

---

① 前后奖：在彩票兑奖活动中，针对中奖号码的前后号码给出的奖。

3 亿日元足够使人们的种种想象变为可能。很多人都会想“假如我有 3 亿日元，就辞掉工作，搬到乡下生活，做点自己喜欢的陶艺”，或者“我要买下憧憬已久的高级公寓，用剩下的钱优雅地生活，工作随便做做就好”。

如果一等奖的奖金还保持在 1946 年的水平，仅仅是 100 万日元，情况会如何呢？即使中奖率大幅提高，也不会像现在这样受欢迎。

反过来，如果一等奖的奖金定为 100 亿日元又会怎样呢？对于普通人来说，100 亿这个金额太过巨大了。我们能想象得到 100 亿日元后的生活吗？也就是说，3 亿日元带来的效用（满足程度）和 100 亿日元带来的效用（满足程度）并没有太大的差距。两者都是如果能中奖，“会高兴得难以置信”这种程度的金额。

况且，上班族一生的工资总额自 1993 年开始缓慢减少，3 亿日元的分量也就逐渐增加。

彩票和其他赌博最大的不同在于奖金绝对值之差。只有彩票是以能够一夜暴富为目标的赌博。

买彩票时，跃入我们眼中的信息是：一等奖奖金 3 亿日元，一张彩票 300 日元。我们知道，如果中了一等奖，300 日元就会变成 3 亿日元。一想到由此获得的效用，就会忽视中奖率只有千万分之一的事实。

另一方面，买了彩票没有中奖也就损失 300 日元，买 10 张也才 3000 日元。于是，我们就不会在意购买彩票的不确定性（风险）。

## “几乎为零”并不等于零

在第四章中，我们说明了正确估计概率非常困难。在购买彩票上，我们也很容易发生概率上的错觉。

许多人都知道，一等奖的中奖概率非常小，可以说“几乎为零”。但是，

“几乎为零”是需要非常注意的一句话。“几乎为零”并不是零，与之相反，“几乎确定”也并不确定。

行为经济学的鼻祖丹尼尔·卡尼曼（Daniel Kahneman）提出的理论中，有一种解释说“人们对于较低的概率会反应过度，对于较高的概率则会反应不足”。

按照这个理论思考，人们会高估一等奖中奖率这个几乎为零的概率，低估不中奖这个很高的概率。

汽车的事故率要比飞机高出几百倍，但人们在乘坐汽车时几乎从不考虑会发生事故，而乘坐事故率低的飞机时却很害怕。此时，人们也是对飞机发生事故的概率反应过度。

卡尼曼主张，人们感受到的概率和数学上追求的理论值完全不同。人们感受到的主观概率和理论值的差，与事件发生后造成影响的大小有关。如果一等奖奖金为 10 万日元，人们完全可以冷静判断中奖率；但奖金为 3 亿日元时，我们主观上的认定概率就会产生偏差。

卡尼曼和他的朋友阿莫斯 · 特沃斯基（Amos Tversky）通过各种实验，得出了利用理论概率计算主观概率的公式。

根据这个公式我们可以知道，当理论概率在 35% 以下时，主观概率高于理论概率；当理论概率在 35% 以上时，主观概率低于理论概率。这和前文所说的“人们对于较低的概率会反应过度，对于较高的概率则会反应不足”是相关的。它被称为“可能性比重函数”。

将彩票一等奖的理论中奖率千万分之一代入卡尼曼的公式，计算后可知，感觉自己会中彩票一等奖的主观概率为 0.00281%，是实际概率的 281 倍。

即使理论概率是千万分之一，我们每次买彩票时，可能会想着“说不定幸运女神只对着我微笑”，感觉自己会中奖的概率是实际概率的 281 倍。

概率论原本是基于“神之视角”的学问。在理论上计算从无数的样本

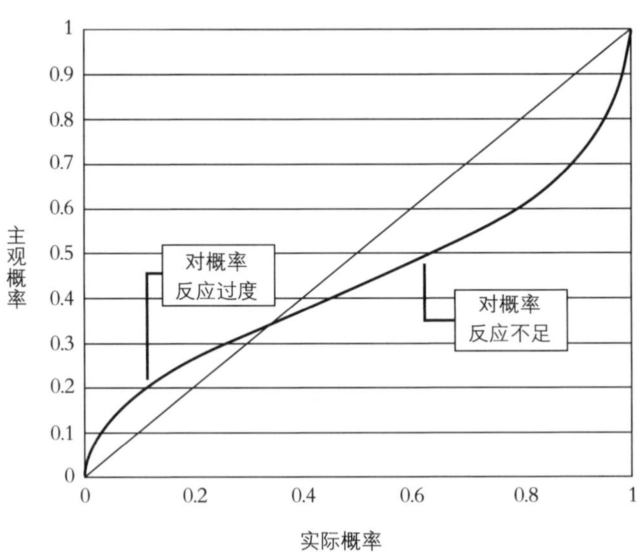


中可以选择哪一个样本。但是，如果自己是样本中的一个，思考问题时就会失去“神之视角”，变得以自我为中心。因为自己就是人生的主角。即使别人中了3亿日元，也不会对我们自己的人生有任何影响。

顺便一提，火灾保险也好，人寿保险也罢，如果比较发生概率和保险金，就会发现它们的价格设定都比较高。严格来说，买入保险不属于投资，而是投机。这时，我们对自己遭遇灾祸的概率反应过度。从发生概率的角度考虑，支付高额的保险金后，我们会得到内心安定这一效用。

## 这一次也不一定

我们在前文中曾提到，购买彩票的人数有5700万，占日本成年人口总数的一半以上，但还有更值得我们注意的数据。据彩票活性化研究会提供的数据，每月购买彩票多于一次的“彩票迷”有1400万人。

这里就存在着本书第四章解释过的关于概率的错觉。比如，设想有一个人在过去三十年中，每年都购买年末巨奖彩票，但从未被幸运之神眷顾。他可能会这样想："我至今为止一次奖也没中过，所以中奖概率差不多该提高了吧。"

但是，你买彩票的次数少到不值一提，中一等奖的概率并不会因没中过奖而有所增加。正如第四章提到的，中奖率为千万分之一的彩票即使购买一千万次，一等奖的中奖率最高也只是 63.2%。

彩票极低的中奖率反而是吸引彩票迷的原因之一。例如，假设在投硬币游戏中，连续出现一百次正面朝上，这时应该没有人会老老实实根据大数定律认为"之前的结果和下一次的结果无关，下一次扔硬币正面朝上和背面朝上的概率各占 50%"，而是会觉得硬币上做了什么手脚，硬币只能正面朝上。

但是，因为彩票中奖率极低、不中奖理所当然，即使连续一千次没有中奖，我们也不会感觉到有任何不自然。而是会认为"下一次就会中奖"，接着挑战。

还有一点，在彩票迷的脑海中，或许还惦记着过去买彩票花费的金钱。他们会觉得"已经花出去了 100 万日元，我要继续买到回本为止"。

在投资时，这 100 万日元被称为"沉没成本"。沉没成本不会再回到你手中，也不会对下次投资造成任何影响。

人们在面对损失时，有时甚至会故意冒风险。我们会认为反正也是输了，即使再稍稍多输一些，只要有一次能中奖，一切就都有回报。不只购买彩票是这样，这种想法也是人类陷入赌博的最大原因。

## 相同价格的香槟和威士忌哪一种更划算

卡尼曼还提倡"边际效用递减规律"。即我们感受到的满足程度的变化量，随着获利或损失的增加而递减。

价值函数图像

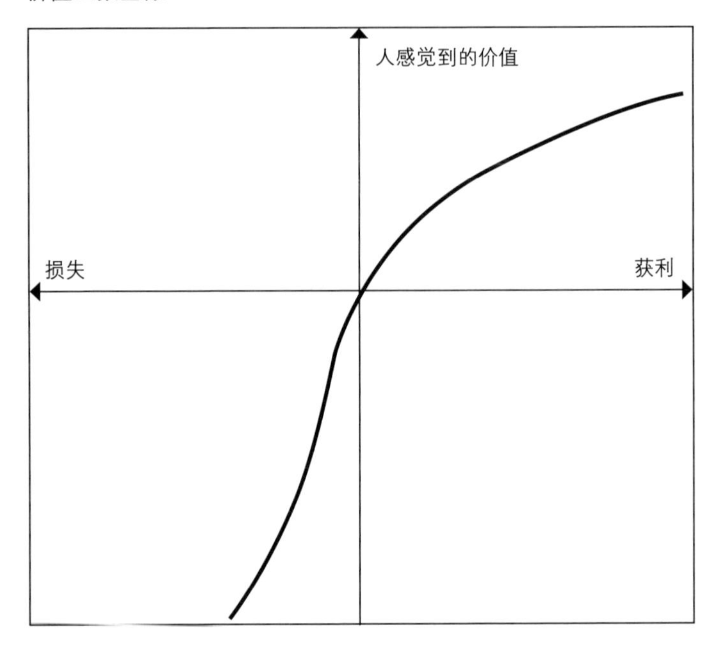


人们在获得利益或遭受损失时，实际感受到的“满足程度”用价值函数图像表示如上图。在价值函数图像中，无论是获利还是遭受损失，越接近左右两端，图像的倾斜程度越小。

在参与赌博时，获得 1 万日元时的喜悦和获得 10 万日元的喜悦，可能相差了近十倍。但获得 100 万日元时的喜悦和获得 110 万日元时的喜悦，恐怕没有太大的差别。

假设在你的面前有一杯斟满了高级香槟——库克粉红香槟的玻璃杯。酒一入口，醇厚的香气和清爽的口感就在你口中扩散开来，酒的美味让你陶醉不已。但是，当你喝完第二杯香槟时，应该就不会像喝第一杯那样感动了吧？虽说多喝了一杯酒，但“好喝”这个效用并不会增加，反而会递减。

我们经常会有这样的经验，即使再好吃的食物，再快乐的场所，体验的次数增加之后，感动就会逐渐变淡。

同样，从钱财中获得的满足程度，和钱财的多少也是不成比例的，满足程度的增长速度会逐渐变得迟缓。口渴时喝一罐果汁会感受到很大的效用，但如果收到一年份同样的果汁，我们并不会感受到 365 倍的效用，反而会觉得腻烦。

假设商店出售相同价格的香槟和威士忌。如果你对两种酒的喜爱程度相同，从效用的角度来看，买威士忌比较好。因为香槟一旦开封就必须全部喝完，而威士忌可以按照自己的喜好一点一点地喝。如果考虑到边际效用递减，总体来说，威士忌更胜一筹。

另一方面，即使收益和损失相同，增加损失的“不满足程度”也要比增加收益的“满足程度”更大。这种现象被称作“损失规避”，表示我们通常对于损失反应过度，有想要规避损失的倾向。

有一个简单的游戏可以测量我们在这方面的感觉。我们只需要思考一个问题，在一局定胜负的猜拳游戏中，你的赌注金额可以增加到多少？

有的人连 100 日元也不会拿出来赌，也有的人可能会拿出 1 万日元。这并不是要说谁做得对谁做得不对，只是我们对于不确定性（风险）的接受程度不同。

## 付多少参加费用都能获利的游戏存在吗

我们试着考虑这样一个游戏。由赌场的庄家扔硬币，并且直到出现正面朝上的结果之前，他会一直扔。出现正面朝上时，游戏结束。扔第一次时正面朝上，奖金 200 日元；扔第二次时正面朝上，奖金 400 日元；第三次时正面朝上，奖金 800 日元；第 X 次时正面朝上，奖金为 100 日元

$\times 2^{X}$。对于这个赌局，你最多可以承受多少钱的参与费呢？我们来试着计算赌局的期望值。

获得 200 日元奖金的概率是 1/2，期望值为 100 日元。

获得 400 日元奖金的概率是 1/4，期望值为 100 日元。

获得 800 日元奖金的概率是 1/8，期望值为 100 日元。

获得 $100\times 2^{X}$ 日元奖金的概率是 $1/2^{x}$，期望值为 100 日元。

虽然随着奖金金额的提高，概率会相应降低，但每一局的期望值都是 100 日元。当X无限大时，游戏整体的期望值就是无限个 100 日元相加之和，也是无限大。因此，我们会得出结论“花多少钱参加这个游戏都很划算”，当然直觉上会觉得这个结论很可疑。

假设你花了 100 万日元参加这个游戏，第一次就正面朝上、拿到 200 日元奖金的概率是 50%（二分之一）。可是，如果连续出现背面朝上，到第二十次才终于出现正面朝上，就可以获得超过 1 亿日元的奖金。这样一来，即使 100 万的参加费用也是很合理的。怎样理解这个问题呢？

这个问题被称为“圣彼得堡悖论”，提出者是伯努利（Bernoulli），他用公布问题时所在的城市命名了这个问题。

如果我们仔细观察，就会发现它是由无数个游戏组合而成的。第一局游戏时，有 50%的概率可以获得 200 日元，我们会感觉支付 100 日元的参加费用比较合理。但第二局游戏时，只有 25%的概率可以获得 400 日元，因为不确定性（风险）高于第一局游戏，所以我们在支付 100 日元参加费用时就会有些犹豫。

实际上，获得 400 日元时的效用并不是获得 200 日元时效用的两倍。因为“我们感受到的满足程度的变化量，会随着获利的增加而递减”。我们假设当奖金变为两倍，效用的减少率为 10%。于是计算可知，在第二局

游戏中参加费用为 $100 \times 0.9 = 90$ 日元时，比较合理。

奖金每增加一倍，效用就会减少，效用的期望值会由 100 日元逐渐减少为 90 日元、81 日元、73 日元。如果把无数局游戏的效用期望值相加，最终结果为 1000 日元。1000 日元的参加费用可以说还算在我们能够承受的范围之内。

## 人类更在意的是变化而非总额

Money can't buy happiness, but it can make you awfully comfortable while you're being miserable.

钱不能买到幸福。但是，钱可以让你在不幸时衣食无忧。

这是美国剧作家、记者、众议院议员克莱尔・布思・卢斯（Clare Boothe Luce）说过的一句话。如果你经历过披头士乐队的时代，可能会熟悉他们的一首歌《爱是非卖品》（*Can't Buy Me Love*）。卢斯的这句话和披头士的歌词意思相近，不一定所有的有钱人都很幸福。

我们接下来并不是要论述金钱买不到幸福，而是要思考人们对于金钱的满足程度。人们的习惯之一，就是"满足程度受金钱变化的影响，而不是受总额的影响"。

A 在巅峰时期，拥有 2000 万日元的资产，但是现在减少至 1000 万日元。B 所持有的资产从 500 万日元增加至 1000 万日元。

虽然 A、B 两个人都拥有 1000 万日元的资产，但是比起失去了 1000 万日元的 A，应该是增加了 500 万日元的 B 才会感到满足。

这个"人们的习惯"，就是卡尼曼提到的"参照依赖"。

人们从原始社会开始，对于变化的反应就很敏感。人们的动态视力非常强，却注意不到逐渐发生变化的风景。

我们对于金钱的变化也很敏感。我们会根据变化的状态不同而产生不同的反应。反应的强弱程度，取决于变化参照的时间点，而不是地点。

我们假设有这样一个游戏，在猜拳中取胜可以得到 100 万日元，输了则要交给别人 20 万日元。猜拳中获胜的概率是 50%，则游戏奖金的期望值是 40 万日元。参加游戏的费用是 30 万日元，刚巧有个好心人赞助了你 30 万日元。

你会选择参加游戏，还是不参加游戏、得到实实在在的 30 万日元呢？

身无分文的人应该会毫不犹豫地选择实实在在的 30 万日元。但是，有 1000 万日元的人可能会认为这个游戏很有魅力。

我们认为这种现象是由于效用函数的差异造成的。参照点不同，效用函数的形状也会发生变化。身无分文的人，效用函数曲线比较陡，比起不确定的 40 万日元（100 万日元和负 20 万日元的平均数），实实在在的 30 万日元带给他的效用会更大。拥有 1000 万日元的人，他的效用函数曲线接近 45 度，效用随金额的增加而增加。

## 幸福来自和预想的比较

在漫画《海螺小姐》中，有这样一个故事。河豚田鳟夫在玩柏青哥时，很意外地打出了弹珠，赢了三盒香烟。他吹着口哨往回走。

接下来出现了一个看上去很贪婪的房地产商，他嘴里发着牢骚：“那笔交易只能赚 1000 万日元。”漫画的作者长谷川町子，指着河豚田鳟夫总结道：“这种类型的人活得更久。”

河豚田鳟夫为了打发时间去玩柏青哥，赢了三盒香烟。房地产商是商人，在他看来，1000 万日元的买卖算不上是赚钱。三盒香烟的价格和 1000 万日元相比根本不值一提，但河豚田鳟夫感受到的变化要比房地产商感受到的大得多，两个人的满足程度也就产生了差距。

人们实际获得的收益大于预想收益时，感受到的效用会更大。

## 私人银行业务中的成功铁律

如果说“影响满足程度的是金钱的变化，而不是金钱的总额”，那么拥有花不完的资产的人，对金钱是一种什么样的感情呢？下面这个例子，是笔者询问朋友得知的真实故事，和“私人银行业务”中的成功铁律有关。

私人银行业务是外资金融机构的业务之一，针对拥有资产的客户，销售定制化的理财产品。笔者曾经在一家美国投资银行工作，这家投资银行也有私人银行部门。

笔者有一位朋友，是私人银行部门中一位颇具传奇色彩的客户经理，他曾经拉到过 1000 亿日元的存款。下面是我从他那里听来的故事。

“只瞄准资产在 30 亿日元以上的人。”这就是从事私人银行业务的铁律。他从其他行业跳槽到外资金融机构，被分到私人银行部门。

他在美国本部进修时，到处请教本部精明强干的客户经理，询问关于工作的建议。所有人都提到了一条建议，就是上面的那条铁律。

回到日本之后，他正式开始了私人银行的工作，才发现遵守这条铁律非常困难。拥有 30 亿日元以上资产的人本来就非常少。

据船井综合研究所公布的数据，2012 年时总资产为 10 亿日元的人占日本总人口的 0.02%，即 26000 人。另外，野村综合研究所也发表报告称，持有 5 亿日元以上资产的人约为 50000 人。资产在 30 亿日元以上的人就更少了。

寻找这部分潜在客户非常困难，要进入他们的内心深处更是要费一番功夫。笔者的这位朋友数次想放弃这条铁律，但还是听从进修时前辈们的教导，将资产 30 亿日元以上的目标人群进一步缩小，继续接近他们。

虽然花费了一些时间，但他只要获得了某一位客户的信赖，那位客户就会陆续向他介绍自己的熟人，那些人持有的资产也都在 30 亿日元以上。也就是说，资产在 30 亿日元以上的人，他的朋友拥有的资产也是和他水平相仿的。如此一来，笔者的朋友就如前文所说的一样，拉到了超过 1000 亿日元的存款量。

## 获得客户信任的原因

笔者的朋友是如何取得这些资产在 30 亿日元以上的客户的信任的呢？他不是强势的人，看上去也不是很擅长应酬。

他能获得信任的原因，是理解这个客户群体的需求，并且只将符合的理财产品销售给他们。

对于资产在 30 亿日元以上的客户来说，他们的需求只有一个。那就是“资产不增加也可以，只希望不要减少”。于是，笔者的朋友向他们推荐的理财产品主要是评级较高的债券，绝不会让客户的资产减少。

另一方面，没有遵守铁律的私人银行客户经理们的情况又如何呢？他们将目标锁定为资产在 5 亿日元以下的人群，来获得相应数额的存款，这一目标人群的数量要多于资产在 30 亿日元以上的人。

但是存款量很难增加，没有完成工作目标的客户经理只能离开公司。因为好不容易拉来的客户介绍的熟人也只是和他水平相当的人。

更让他们困扰的是，这一阶层的客户需求是“希望获得更多的资产”，客户经理们就会向客户销售一些不确定性（风险）较高的金融衍生产品。

但是，如果遇到日元急剧升值或是金融危机，就会出现很多的账外损失，这时别说是获取客户的信任了，有时甚至还会遭到客户的投诉。

人越有钱，对资产减少的恐惧就越是大于资产增加时的喜悦。这就是为什么“资产不增加也可以，只希望不要减少”。而且，资产超过 30 亿日元的富豪，正是因为能够准确掌握投资带来的不确定性（风险），才累积了这么多的资产。他们始终如一，不渡危桥，对于稳健的投资十分满足。

而资产量还过得去的人，他们做好了承担不确定性（风险）的准备，想要增加自己的资产。但常常，他们的欲望先行于理智，承担超出自己承受范围的风险，最后发现无法控制，并且很可能遭受不可挽回的损失。

## 家庭主妇成为天才操盘手的原因

本章最后一个例子，是介绍人类过于重视特定信息的习惯。

假设你是证券公司的主管。通过社会招聘操盘手，有两个人进入了最终面试。

其中一人本科专业是经济学，之后留学海外取得 MBA 学位，并在其他证券公司工作了十年，是有经验的操盘手。另一个人是全职主妇，从事交易才一年时间。

看上去你应该会选择前者，但如果得知以下信息你又会如何决断呢?

听说前者在之前的证券公司工作到第十年时，出现了重大损失，不得不辞职。而全职主妇从开始做外汇（FX，Foreign Exchange）交易，就连战连胜，只一年时间就赚了数亿日元。

虽然现实中可能并不会有这么厉害的主妇到证券公司面试，但日本的普通主妇正在以 FX 投资者的身份拥有推动市场的影响力。就连海外媒体也知道她们的存在，英国知名杂志《经济学人》（*The Economist*）在报道中将她们称作“渡边太太”。“渡边”是日本人的代表姓氏。

她们中有人被称为天才 FX 操盘手，从未失败，一年可以持续获得数亿日元的收益。在 FX 的世界里，即使是精通市场的专业金融人士，取得连胜也是非常困难的。为什么主妇们可以构筑不败神话呢？

## 外汇市场赚不到钱是常识

十年前的外汇市场，参与人员中有一部分是专业人士，他们被称作银行间外汇交易操盘手。其他的参与者为人寿保险公司、项目公司、贸易公司的交易员，也都是具有专业背景的人员。

他们分析各国的经济形势、利率动向、经济指标，然后决定买卖方向，从中获得收益。据笔者所知，并不存在百战百胜的传奇操盘手。

有一年，曾出现一批操盘手，他们顺应市场行情形势大赚一笔，被尊称为“×× 银行的△△先生”。他们中的一些人，因此获得了高得离谱的奖励（转会费），被其他外资银行挖走。

但是，他们中的很多人在新公司并没有做出什么成果，甚至出现很大的损失，等回过神来已经被解雇了。在 FX 市场上连续取胜就是这么困难。

## 幸存者是被神选中之人

既然如此困难，为什么渡边太太中会出现天才 FX 操盘手呢？原因在于，如今的市场形势和十年前已经不同，参加 FX 的人数也有了飞跃性的增加。

据说 FX 的账户数量已经超过 400 万个。我们假设，每月的收支正增长和负增长的参加者各占 50%。

连续十二个月持续获胜的人数为 1200 人，计算如下：

500 万 $\times (1/2)^{12}=1200$

现在大家应该可以明白，为什么专业人士中没有出现百战百胜的操盘手，而渡边太太中却出现了。

她们是好运的幸存者，在她们背后，有将近 499.9 万失败者。十年前仅仅由专业人士参与的市场中，由于绝对数量的限制，根本就无法产生天才操盘手。

我们分析这个现象时，如果只看结果，只接受对自己有利的数据，就会犯错误。

Chapter 6

# 拉面馆和法国餐馆，哪一个价值更高

## ——风险和回报

作为投资对象的商品、服务、项目、企业的价值，可以利用现金流量计算出来。如果将来的收益不存在任何不确定性（风险），它的价值就是未来现金流量的总和。这个观点是金融理论的根基。

但正如我们在第二章提到的，现金流量伴随着不确定性。将反映风险的折现率（利率）和时间相乘，商品的价值扣除这个乘积之后，与没有风险的现金流量总和进行比较，扣除乘积后的现金流量的总和要小很多。

反映风险的折现率，在投资家看来，就是收益率（期望报酬率），他们根据折现率来进行金钱投资。笔者在这里想要再次强调，折现率就是收益率（投资报酬率）。

本章将对风险和回报，以及风险和时间的关系再次做一些深入说明。我们生活中必定伴随着风险，本章还将讨论如何分辨金融学、统计学提出的风险，以及如何控制风险。

## 音乐会能如期举行吗

假设你所在的公司，计划明天举行一场盛大的室外音乐会，为此已经投入了很多资金。如果明天下雨，音乐会就要延期，那时必须向演出的艺人们支付高达 2 亿日元的赔偿金。

现在，天气阴沉沉的，你非常关注天气预报，一直在确认明天的天气情况。明天的降水概率早晨为 20%，到了中午升至 40%，下午一点时为 50%，而刚才晚上七点钟的天气预报，竟然上升至 90%。

在这期间，明天的音乐会延期的概率和支付 2 亿日元赔偿金这一商业风险的高低又是如何变化的呢？

我们假设天气预报播报的降水概率是正确的。音乐会将会延期的概率逐渐上升，由于音乐会延期而遭受的商业风险在某一点达到峰值后，则会逐渐下降。下面来解释原因。

虽然随着降水概率的增加，支付赔偿金的风险也在上升，但当降水概率超过 50% 之后，追加支付 2 亿日元现金流量的确定性也开始增加。也就是说，风险（不确定性）开始减少。

金融理论中提到的"风险"，指的是不确定性。不确定性的含义是"不确定预想的事件是否会发生"，而并不是"危险的事情、不喜欢的事情会发生的可能性"。

回到音乐会这个例子来说，虽然非常遗憾，但是如果明天必须支付 2 亿日元赔偿金的概率接近 100%，则不确定性（风险）为零。

如果运气非常好，明天下雨的概率是 0%，追加支付 2 亿日元赔偿金的概率自然也就是零。"必须追加支付 2 亿日元赔偿金"与"不必支付追加的 2 亿日元赔偿金"，二者就像是硬币的正反面。因此，不管是哪一种情况，"降雨概率 50%"时的风险是最高的。

## 关于俄罗斯轮盘的思考

大家知道俄罗斯轮盘吗？它被人熟知是在 1978 年奥斯卡金像奖获奖影片《猎鹿人》(The Deer Hunter) 中。这部电影讲的是越南战争中身心受到伤害的年轻人。扮演主人公的罗伯特 · 德尼罗（Robert De Niro）与扮演主人公朋友的克里斯托弗·沃肯（Christopher Walken）、约翰·萨维奇（John

Savage）被越军俘虏，越军强迫他们进行俄罗斯轮盘游戏。

所谓俄罗斯轮盘，是在左轮手枪中只装填一发实弹，适当地转动弹匣后，将枪口对准自己的太阳穴，扣动扳机。当你认为这一发为实弹时，可以向天花板扣动扳机，但如果此弹为空弹，则即刻输掉游戏。

转动弹匣之后，参加者交替扣动扳机，六发弹匣中有一发装有子弹，中弹的概率开始时就是六分之一。如果打出四发都是空弹，则第五次扣动扳机的人中弹的概率是二分之一。如果第五发也是空弹，那么第六个开枪的人就非常不幸地被置于极其危险的境地，但此时的风险是零。因为这一发一定是实弹，所以也就没有了不确定性。

顺便一提，电影中约翰·萨维奇饰演的俘虏，因为过于恐惧，在游戏刚刚开始的时候就发疯了。即使弹匣的容量是 100 发，人们也很难承受这个游戏带来的恐惧。正如第五章中提到的，“人们会对较低的概率反应过度”，我们会认为中弹的人会是自己。

显然不同国家的文化在对“风险”这个词的认识上有差异，下面笔者将讲述一则与此相关的轶事。十多年前，一家外资证券公司开始出售面向个人客户的金融产品。这种产品被称为权证，是一款金融衍生产品（derivatives），和普通的股票交易相比风险较高。

笔者第一次见到这款产品的海报时，真的非常吃惊。海报上赫然写着“让我们享受高风险的乐趣！”虽然笔者在金融界摸爬滚打多年，看到这张海报还是感觉相当不适应。笔者还记得当时的想法是：“日本金融厅不允许这样做吧。”

恐怕那张海报是将美国版本中的广告文案直接翻译成了日语。“享受风险的乐趣”这种观点，经常出现在日美投资文化的差异中。从本书前文提到的定义考虑，风险是不确定性，而不一定是危险。因此，说是享受乐趣也并不奇怪，可在日本，这句话虽然不会遭到反对，但可能会受到排斥。

## 风险就是标准差

前文曾提到，风险即不确定性。用统计学的语言表示就是“标准差”。标准差又是什么呢？下面我们将通过简单的例子来说明。

假设你打算同时开一家法国餐馆和一家拉面店。两家店的开业资金均为5000万日元。

法国餐馆的客单价和利润都较高，但顾客周转率低，每天来店里的顾客人数有限，每天的营业额变化较大。

拉面店的客单价和利润都较低，但顾客周转率高，因此也可以创造收益。并且来店里吃饭的顾客人数比较稳定，每天的营业额大致相同。两家店在一个月内的营业额变化如下表所示。

法国餐馆和拉面店的营业额变化（单位：万日元）

| 营业日 | 法国餐馆 | 拉面店 |
|---|---|---|
| 1 | 23 | 19 |
| 2 | 22 | 19 |
| 3 | 22 | 20 |
| 4 | 10 | 24 |
| 5 | 30 | 16 |
| 6 | 18 | 21 |
| 7 | 21 | 15 |
| 8 | 26 | 18 |
| 9 | 19 | 21 |
| 10 | 16 | 21 |
| 11 | 14 | 22 |
| 12 | 20 | 20 |

| 营业日 | 法国餐馆 | 拉面店 |
|---|---|---|
| 13 | 11 | 25 |
| 14 | 19 | 20 |
| 15 | 27 | 18 |
| 16 | 23 | 18 |
| 17 | 26 | 18 |
| 18 | 11 | 24 |
| 19 | 8 | 25 |
| 20 | 24 | 18 |
| 平均每天 | 20 | 20 |

## 风险可视化

两家店平均每天的平均销售额都是20万日元。但每天营业额的偏差程度和预想一样，差异很大。将营业额绘成图像就可以知道，法国餐馆每天的营业额偏差很大，而拉面店的营业额则比较平稳。

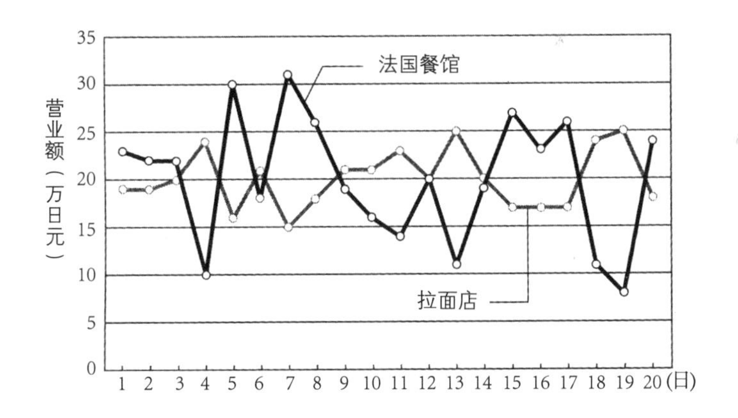


偏差就是不确定性，也就是风险。法国餐馆的风险是不是更高呢？我们可以试着计算一下。

标准差是用数值表示的各个数据与平均数的偏差。换句话说，也就是风险的量。

上一页的表格中，法国餐馆的营业额在开业当天比平均值高出 3 万日元，但第四天就比平均值低 10 万日元。

我们首先求出每一天营业额的偏差，再将各营业日的偏差相加，和为零。无论是正 3 万日元的偏差，还是负 3 万日元的偏差，与平均值相差的程度是相同的，所以相加之后和为零。

将各偏差的平方相加，再除以数据的个数，得出的数值称为“方差”。法国餐馆的方差为 36.15，拉面店的方差为 7.59。

方差本身也是表示风险的量的指标，但使用起来有些不方便。原因在于，对于方差我们直观上比较难以理解。

我们来看一下数字的单位。营业额和偏差的单位都是“日元”。方差是由偏差的平方得出的，所以单位是“日元的平方”，我们平时没见过这个单位，不太容易理解。

下面，我们试着求方差的平方根，使单位“日元的平方”回归到“日元”。求出的结果被称为“标准差”，是风险量化的指标。法国餐馆的标准差为 6.01 万日元，拉面店的标准差为 2.75 万日元，法国餐馆的风险约为拉面店风险的两倍。

我们试着再进一步深入思考标准差的含义。在统计学中，1 个标准差称为 SD（Standard Deviation），符号为 σ（sigma）。笔者在此不进行数学方面的说明，我们只需要知道很多统计数据都是呈正态分布的，在一个标准正态分布中，数字出现的概率是固定的。以平均值为中心，有 68.3% 的数据集中在正负 1 个标准差范围内，有 95.5% 的数据集中在正负 2 个标准差范围内。

通过观察，我们就会发现本例遵循这样的规律。法国餐馆营业额的 1 个标准差为 6.01 万日元，20 万日元加正负 6.01 万日元计算后可知，20 天的数据中，有 70% 集中在 13.99 万至 26.01 万日元区间。我们实际确认，会发现有 14 天的数据在 13.99 万至 26.01 万日元范围内，14 除以 20 结果

法国餐馆的标准差（单位：万日元）

| 营业日 | 法国餐馆 | 偏差 | 偏差的平方 | 方差 | 标准差 |
|---|---|---|---|---|---|
| 1 | 23 | 3.50 | 12.25 | | |
| 2 | 22 | 2.50 | 6.25 | | |
| 3 | 22 | 2.50 | 6.25 | | |
| 4 | 10 | −9.50 | 90.25 | | |
| 5 | 30 | 10.50 | 110.25 | | |
| 6 | 18 | −1.50 | 2.25 | | |
| 7 | 21 | 1.50 | 2.25 | | |
| 8 | 26 | 6.50 | 42.25 | | |
| 9 | 19 | −0.50 | 0.25 | | |
| 10 | 16 | −3.50 | 12.25 | | |
| 11 | 14 | −5.50 | 30.25 | | |
| 12 | 20 | 0.50 | 0.25 | | |
| 13 | 11 | −8.50 | 72.25 | | |
| 14 | 19 | −0.50 | 0.25 | | |
| 15 | 27 | 7.50 | 56.25 | | |
| 16 | 23 | 3.50 | 12.25 | | |
| 17 | 26 | 6.50 | 42.25 | | |
| 18 | 11 | −8.50 | 72.25 | | |
| 19 | 8 | −11.50 | 132.25 | | |
| 20 | 24 | 4.50 | 20.25 | | |
| 汇总 | 20.00 | 0.00 | 723.00 | 36.15 | 6.01 |

拉面店的标准差（单位：万日元）

| 营业日 | 拉面店 | 偏差 | 偏差的平方 | 方差 | 标准差 |
|---|---|---|---|---|---|
| 1 | 19 | −1.10 | 1.21 | | |
| 2 | 19 | −1.10 | 1.21 | | |
| 3 | 20 | −0.10 | 0.01 | | |
| 4 | 24 | 3.90 | 15.21 | | |

| 营业日 | 拉面店 | 偏差 | 偏差的平方 | 方差 | 标准差 |
|---|---|---|---|---|---|
| 5 | 16 | −4.10 | 16.81 | | |
| 6 | 21 | 0.90 | 0.81 | | |
| 7 | 15 | −5.10 | 26.01 | | |
| 8 | 18 | −2.10 | 4.41 | | |
| 9 | 21 | 0.90 | 0.81 | | |
| 10 | 21 | 0.90 | 0.81 | | |
| 11 | 22 | 1.90 | 3.61 | | |
| 12 | 20 | −0.10 | 0.01 | | |
| 13 | 25 | 4.90 | 24.01 | | |
| 14 | 20 | −0.10 | 0.01 | | |
| 15 | 18 | −2.10 | 4.41 | | |
| 16 | 18 | −2.10 | 4.41 | | |
| 17 | 18 | −2.10 | 4.41 | | |
| 18 | 24 | 3.90 | 15.21 | | |
| 19 | 25 | 4.90 | 24.01 | | |
| 20 | 18 | −2.10 | 4.41 | | |
| 汇总 | 20.10 | 0.00 | 151.80 | 7.59 | 2.75 |

为 70%，和 68.3% 非常接近。

我们用同样的方法计算拉面店的数据，可知拉面店营业额 1 个标准差的范围为 17.35 万至 22.75 万日元。确认数据数值可知，有 14 天的数据在 17.35 万至 22.75 万日元区间内，14 除以 20 为 70%，也很接近 68.3%。

计算出的数值不是 68.3%，是因为选取的数据只有 20 个，实在太少了。如果样本够大，就会非常接近 68.3%。

知道了标准差有什么用呢？虽然无法准确知道下一次出现的数据，但我们可以提前知道“数据落在这个范围内的概率大致是多少”。

假设法国餐馆继续经营下去。虽然我们没有办法清楚预测明天的营业额是不是比 20 万日元要高，可我们能够预计有三分之二的可能在 13.99 万至 26.01 万日元的范围内。

顺便一提，在统计学中，落在 1 个标准差范围内的数据被视为“寻常的、普通的”，落在 2 个标准差范围外的数据被视为“特别的、异常值”。用法国餐馆的例子来说，日营业额不满 7.98 万日元或者超过 32.02 万日元都是异常的、特别的情况。

## 风险和收益的关系

利用标准差把握不确定性（风险），能够将风险可视化。接下来，我们试着考虑风险和收益（收益率）的关系。

正如前文指出的，风险和危险不同。所以，风险不应该是令人厌恶的事物。有些时候，风险是游戏变得更加有趣的精髓。完全没有风险的世界，也就不会存在投资和游戏，显然非常无趣。

虽说如此，可还是有许多人讨厌风险，那么在投资时就需要认真判断风险和回报。在两个收益相同的投资方案中，风险较低的方案是更好的选择。而且，根据风险和收益的平衡性来考虑，有时候，比起高风险、高收益的投资，低风险、低收益的投资更佳。

我们来试着比较两只股票：

A 股票每年的收益（收益率）为正 40% 或负 30%。取平均值，预计可以得到的收益（预期收益率）为 5%。

B 股票每年的收益（收益率）为正 5% 或负 3%。取平均值，预计可以得到的收益（预期收益率）为 1%。

A 股票的变化非常剧烈，所以风险较高。但预期收益率最高可达到 40%，平均预期收益率也有 5%，所以看上去要比 B 股票获利更多。

但是，如果我们在电脑上模拟两只股票五十年间的投资结果，会发现如果投资 100 万日元购买 B 股票，五十年后资产将增加至 160 万日元；但如果投资 100 万日元购买 A 股票，五十年后资产总额会大大低于本金，跌至 60 万日元。

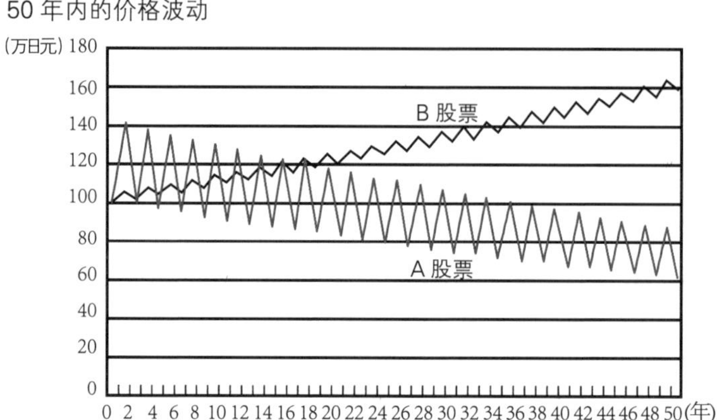


风险低、偏差小的方案投资价值更高。下面，我们再举一个直观的例子。

如果给你一根 40 米长的绳子，告诉你用这根绳子圈起来的土地全部归你所有。要想使所圈土地的面积最大，应该把绳子围成什么形状呢？假定绳子围成的形状只能是四边形。

我们直觉上会认为正方形围出的土地面积最大，正确答案也确实如此。

10 米 × 10 米＝ 100 平方米

此时面积最大。如果把这个正方形的一边增加 1 米，另一边减少 1 米，面积就是 11 米 ×9 米＝ 99 平方米，得出的长方形面积比正方形要小。

将以上的推演过程一般化，正方形的一边增加 a 米，另一边减少 a 米，则得到的长方形面积为：

$$(10+a)\times(10-a)=100-a^2$$

可知，它的面积一定小于正方形的面积 100 平方米。

我们试着将 a 设定为投资收益的增减。每年的收益不规则变化，或为正a%，或为负a%，这样的投资，资产价值一定会减少，会跌至本金以下。

换言之，像正方形一样达到协调的状态，即没有偏差的状态，效率更高。

## 低估风险，只关注收益大小

就像前文所说，人们对于风险和收益的关系，有时会特别固执己见，有时也会产生误解。我们常常低估风险，只关注收益的大小。

请大家思考下述问题。假设有两名学生，其中一名在期末考试中的成绩基本在 70 分上下，另一名学生状态好可以考 100 分，状态不好只能得 40 分。两人的平均分都是 70 分。那么，哪一名学生更优秀呢？

“分数总是在 70 分上下的学生可能非常认真，但从没拿到 100 分，很难说得上优秀。而只要下决心去做就能拿到 100 分的学生，潜力肯定更高。”

上述说法你怎么看？是否赞同呢？

把这个问题换成股票投资，我们来考虑投资两只股票。假设有 A 股票和 B 股票，两只股票现在的价格相同，均为每股 100 日元。

它们一年之后的收益受经济形势变化的影响。我们把经济形势的变化简单化，假定有三种模式：经济萧条（发生概率 25%）、经济一般（发生概率 50%）和经济繁荣（发生概率 25%）。

A 股票在经济繁荣时的收益为 30%；经济一般时的收益为 10%；经济萧条时的收益为 –10%。B 股票在经济繁荣、经济一般、经济萧条时的收益分别为 20%、10%、0%。

经济形势和收益

| 经济形势 | 发生概率（%） | A 股票的收益（%） | B 股票的收益（%） |
|---|---|---|---|
| 萧条 | 25 | －10 | 0 |
| 一般 | 50 | 10 | 10 |
| 繁荣 | 25 | 30 | 20 |

两只股票的收益和各种收益发生概率的关系，如上图所示。

A 股票的收益偏差较大，风险高；B 股票的收益偏差较小，风险低。但是，计算两只股票各自的预期收益（将三种经济形势下的发生概率和收益相乘，再将三个乘积相加）后，会发现结果相同，即 A、B 两只股票的预期收益率均为 10%。

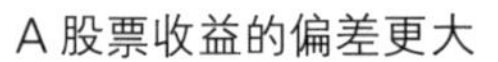
A 股票收益的偏差更大

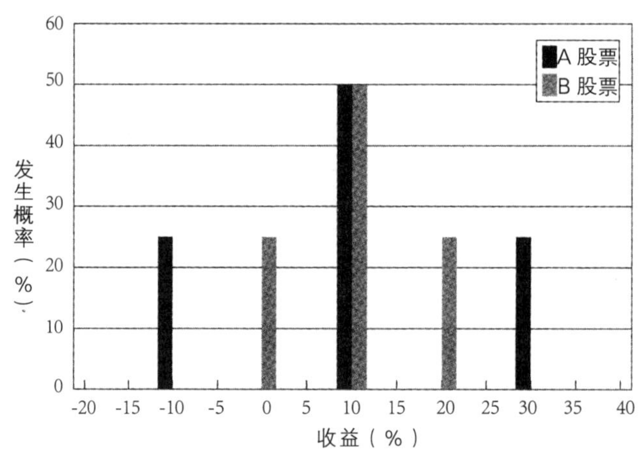


虽然投资低风险的股票应该更佳，但我们有时也会有这样的想法：

“A 股票在经济繁荣时，预计可得到 30% 的收益，虽然经济萧条时收益为负，但平均收益和 B 股票相同，都是 10%。这样看来，能获得 30% 收益的 A 股票可以说是更好的投资对象。”

你可能会觉得上面一段话很有道理，但是这个观点并不正确。

## 借钱投资可以看得更清楚

本节我们利用负债经营来思考问题。在金融界，借钱投资被称作负债经营（leverage）。Leverage 这个词原本的含义是“杠杆”。接下来，我们将详细说明为什么称为杠杆。

假设你借钱购买 B 股票。借款的利息率暂定为 5%。你借了 100 日元，和自己原有的 100 日元合在一起，购买了 2 股 B 股票，共计投资 200 日元。一年之后把这 2 股卖掉，并偿还借来的 100 日元和利息 5 日元。

在这个背景下，我们重新计算三种经济形势下的收益。你原本拥有的 100 日元的收益率，写在表格中“修正后收益率”一栏。试比较借钱购买 B 股票时的修正后收益率和 A 股票的收益率。

我们再一次计算 B 股票的预期收益率，可以得知经济一般时的预期收益率从 10% 上升到 15%，经济繁荣时的预期收益率从 20% 上升到 35%。但是由于经济萧条时收益为负，所以收益的偏差会增大，风险也会提高。即便如此，B 股票的风险（偏差）还是和 A 股票处于同一水平。

总结上述内容，可知 A、B 两只股票风险相同，B 股票的预期收益率更高。这是 B 股票和负债经营相结合的结果。

我们借来的钱，像“杠杆”一样发挥作用，可以将 B 股票的性能抬得比 A 股票更高。因此，我们把借钱这件事称为 leverage（负债经营）。利用负债经营，可以使投资对象变为高风险、高回报。

这样一来，我们就会发现，原本 B 股票的投资价值就高于 A 股票。也就是说，我们不能因为 A 股票表面上的收益高，就被它吸引。

回到法国餐馆和拉面店的对比上，如果二者的利润率相同，则可以说风险较低的拉面店是更好的投资对象。

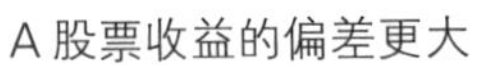


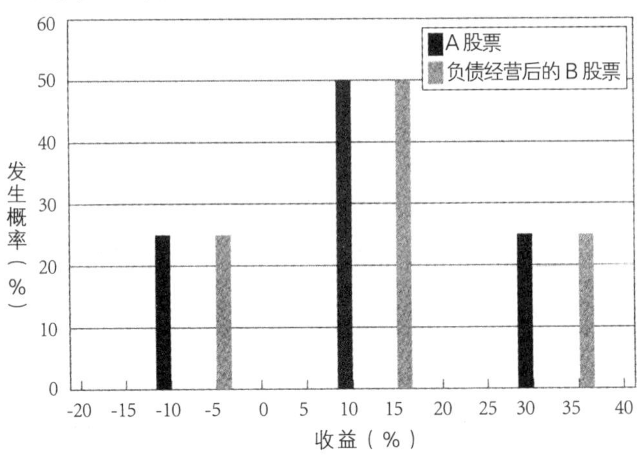


负债经营时 B 股票的修正后收益情况

| 经济形势 | 发生概率（%） | 预期收益率（%） | 投资金额（日元） | 盈亏（日元） | 利息 + 本金（日元） | 最终 CF（日元） | 修正后收益率（%） |
|---|---|---|---|---|---|---|---|
| 萧条 | 25 | 0 | 200 | 0 | –105 | 95 | –5 |
| 一般 | 50 | 10 | 200 | 20 | –105 | 115 | 15 |
| 繁荣 | 25 | 20 | 200 | 40 | –105 | 135 | 35 |

CF：现金流量

经济形势的发生概率和收益（续）

| 经济形势 | 发生概率（%） | A 股票收益率（%） | B 股票修正后收益率（%） |
|---|---|---|---|
| 萧条 | 25 | –10 | –5 |
| 一般 | 50 | 10 | 15 |
| 繁荣 | 25 | 30 | 35 |

## 折现率如何反映风险

如果你投资的股票和项目的风险较低，就必须忍耐较低的收益。反之，如果你投资的股票和项目的风险较高，则必须要求高的收益。

我们应该如何根据风险（标准差）来判断收益（收益率）呢？前文曾经提到，收益对于现金流量来说就是折现率（利率），折现率可以反映风险。那么，折现率应该如何反映风险呢？

在第二章思考公寓的价值和折现率时，笔者做过如下解释："（房地产投资基金处）掌握着不同地区、不同等级公寓的历史收益率，他们可以由此掌握平均值和偏差值。如果偏差值较大，则可以预计折现率较高。"也就是说，可以从过去的数据得到折现率，即收益（收益率）的基准。

我们在进行赌博等投机活动时，可以计算概率，将其作为预期收益率。但投资房地产、股票，或其他投资项目时，无法计算概率。因此，我们只能分析历史数据，从中推定折现率。

斯坦福大学的经济学家威廉·夏普（William Sharpe）曾关注单个股票的变化和股票基准价格变化保持着何种关系。他思考出的这一计算单个股票收益率（return）的方法，称为资本资产定价模型（CAMP）理论，并因此于 1990 年获得了诺贝尔经济学奖。

股票基准价格是指所有股票市价总额取加权平均数后编入的市场投资组合。实际生活中，被用于 TOPIX（东证股价指数）等。

使用夏普的方法，还可以计算不同行业的预期收益率。其结果用表格表示如下。

从表格中我们可以得知，保险业、证券业、银行业的预期收益率较高，也就是说他们的股票风险较高。与之相对，电力、食品、零售业的收益率较低，风险也较低。因为保险业、银行业的现金流量，会随着经济形势的变动而产生大幅变化，所以要求较高的收益率。电力等受经济形势变化影响不那么大的行业，即使收益率较低，投资者也能满足。

预期收益率较高的行业（2013 年 12 月）

| 行业 | 品牌数 | 预期收益率%（平均） |
|---|---|---|
| 保险 | 11 | 10.25 |
| 证券、期货交易 | 40 | 9.22 |
| 银行 | 92 | 8.04 |
| 矿业 | 7 | 7.14 |
| 运输类机械 | 99 | 6.85 |
| 电气机械 | 273 | 6.80 |
| 机械 | 233 | 6.63 |
| 医药品 | 59 | 6.48 |
| 钢铁 | 50 | 6.46 |
| 房地产业 | 108 | 6.36 |
| 通信 | 335 | 6.22 |
| 精密仪器 | 49 | 6.16 |

预期收益率较低的行业（2013 年 12 月）

| 行业 | 品牌数 | 预期收益率%（平均） |
|---|---|---|
| 电力、燃气 | 25 | 2.45 |
| 纸浆、纸 | 26 | 2.98 |
| 陆路运输 | 62 | 3.05 |
| 食品 | 132 | 3.38 |
| 水产、农林 | 11 | 3.47 |
| 海上运输 | 16 | 3.48 |
| 零售业 | 344 | 3.75 |
| 仓储、运输相关行业 | 43 | 3.78 |
| 航空运输 | 6 | 3.98 |
| 批发 | 349 | 4.19 |

## 什么是“夏普比率”

夏普将原本用收益率除以风险得到的比率称作“夏普比率”。

$$夏普比率=\frac{（预期收益率-无风险利率）}{风险（标准差）}$$

预期收益率减去无风险利率得到的值称作“超额收益率”。这里的无风险收益率指的是国债的利率。2014 年 10 月，日本的十年期国债利率为 0.5%。相对于国债，世界上所有的理财产品都带有一定的风险，如果理财产品收益率在 0.5% 以下，投资者们根本不会理睬。换言之，一种理财产品，利率比最安全的国债还要低，它就没有投资的价值。

夏普比率的公式非常简单。超额收益率除以风险，得到的夏普比率值越高，说明风险越低，收益率越高。夏普比率高的股票是有魅力的投资对象。

原则上，股票、理财产品各自的夏普比率应该是一定的。这样一来，如果提高收益率，则风险也会相应升高，所以高风险、高收益的法则成立。

如果夏普比率一定，只要给出风险（标准差），我们就可以计算出预期收益率。

试求刚刚的 A、B 两只股票的夏普比率。在这个例子中，借款利率假设为 5%，我们可以将其作为无风险利率，结果如表格所示。A 股票和 B 股票的预期收益率相同，但 A 股票的风险较高，所以 B 股票的夏普比率更高。

“负债经营后的 B 股票”，通过负债经营，成为高风险、高收益的股票，我们经过计算会发现，它的夏普比率和负债经营之前相比，没有变化。如此可知，夏普比率是一定的。

但在实际应用中，各类股票、债券、信托的夏普比率并不是固定不变

A 股票的夏普比率

| 发生概率(%) | 收益率(%) | 预期收益率(%) | 偏差(%)(收益率－预期收益率) | 方差 | 标准差 | 超额收益(%)(预期收益率－无风险利率) | 夏普比率(%) |
|---|---|---|---|---|---|---|---|
| 25 | −10 | 10 | −20 | 266.67 | 16.33 | 5.00 | 0.31 |
| 50 | 10 | 10 | 0 | | | | |
| 25 | 30 | 10 | 20 | | | | |

B 股票的夏普比率

| 发生概率(%) | 收益率(%) | 预期收益率(%) | 偏差(%)(收益率－预期收益率) | 方差 | 标准差 | 超额收益(%)(预期收益率－无风险利率) | 夏普比率(%) |
|---|---|---|---|---|---|---|---|
| 25 | 0 | 10 | −10 | 66.67 | 8.16 | 5.00 | 0.61 |
| 50 | 10 | 10 | 0 | | | | |
| 25 | 20 | 10 | 10 | | | | |

负债经营后 B 股票的夏普比率

| 发生概率(%) | 收益率(%) | 预期收益率(%) | 偏差(%)(收益率－预期收益率) | 方差 | 标准差 | 超额收益(%)(预期收益率－无风险利率) | 夏普比率(%) |
|---|---|---|---|---|---|---|---|
| 25 | −5 | 15 | −20 | 266.67 | 16.33 | 10.00 | 0.61 |
| 50 | 15 | 15 | 0 | | | | |
| 25 | 35 | 15 | 20 | | | | |

的。原因在于，夏普比率的值受到参照数据的时间点和时间跨度的影响。另外，作为投资对象的股票，如果上市还不满一年，很难从它的价格波动中推导出风险和收益率。

于是，夏普关注基准股价变动和个股的关系，计算收益率。

## 风险与时间的关系

本书的第三章考察了现金流量和时间的关系。本节我们来思考一下风险和时间的关系。

前面曾计算法国餐馆和拉面店营业额的标准差（风险）。但是我们只观察了短短 20 天的数据，如果持续观察 100 天、1000 天，情况又会如何呢？

假设附近没有竞争对手，且不会发生顾客对这家店吃腻了的情况，我们观察到的营业额平均值还是 20 万日元，标准差和只观察 20 天时的数值可能会稍稍有些不同，但应该接近理论值，且数值是固定的。

如上所述，每日营业额的平均值和标准差不受时间的影响。原因在于，观察某一间法国餐馆 100 天的营业额，和观察 100 家相同的法国餐馆一天的营业额，意义是相同的。假设你经营 100 家规模、味道、服务完全相同的法国餐馆，只需要观察一天，就可以相当准确地把握所有店铺每天的预期营业额和每天营业额的偏离程度（标准差）。

另一方面，每家法国餐馆的累计营业额受时间长度的影响很大。例如，100 家法国餐馆中，可能某一家店每天的营业额都超过 20 万日元的平均值，而另一家店运气很差，可能日营业额持续在平均值以下。这并不是因为各店的实力不同，只是偶然的现象。

对经营者来说，重要的是预测所有店铺总营业额是多少、总营业额的偏差是多少，而不是为日营业额的偏差时喜时忧。

投资也是如此。重要的是把握一年或更长时间之后自己的资产会增加多少、总资产的偏差是何种程度，而不是自己投资的股票平均每天收益增加多少、收益率的偏差是多少。

到今天为止的法国餐馆总营业额，或是今天的股票价格，都是在昨天的基准上确定的。在今天的变化基础上，明天将开始下一次变化。

在某种程度上可以预测偏差的范围。

我们可以预测一年或者更久以后，自己持有的股票资产的总额或法国餐馆总营业额的偏差吗？偏差和标准差都能表示风险。从理论上说，标准差和风险成正比。

2014 年夏天，在代代木公园发现了携带登革热病毒的蚊子，大家担心携带病毒的蚊子也飞到了其他的公园，因此引起了很大的骚动。专家指出，携带登革热病毒的蚊子的活动范围约为每天 50 米至 100 米。

当然，携带病毒的蚊子已经被处理掉了，这里只是假设。我们将蚊子的活动方式比作风险，考察蚊子的分布范围（偏差）。

我们来设定一个简单的模型。假定有一个蚊子军团，且各自分散行动，蚊子每天都会向东或向西飞行 100 米。实际上，蚊子可以向南北方向飞，也可以向西南方向飞，这里为了便于理解，设定前提为蚊子只向东西方向飞行。

我们将起点定为 0，每 100 米定为一个刻度。从起点开始向东 100 米处为正 1，从起点开始向西 300 米处为负 3。

第一天，蚊子军团会在哪里呢？有的蚊子向东飞，有的蚊子向西飞。假设向东飞的概率和向西飞的概率各为 50%，则蚊子所在的地点为正 1 或负 1 处，标准差为$\sqrt{1}$。

第二天，蚊子军团飞到了哪里呢？全部蚊子的四分之一在起点东 200 米处。第一天向东飞、第二天向西飞的蚊子和第一天向西飞、第二天向东飞的蚊子回到了起点，占全体的一半。还有四分之一的蚊子连续两天向西飞行，在起点以西 200 米处。

第二天蚊子不规则分布的标准差为$\sqrt{2}$。同样，第三天、第四天、第五天的标准差分别为$\sqrt{3}$、$\sqrt{4}$、$\sqrt{5}$。计算过程如下表所示。

因此，蚊子军团不规则分布的标准差为第一天 100 米、第二天 141 米（$100\times\sqrt{2}$）、第三天 173 米（$100\times\sqrt{3}$）、第四天 200 米（$100\times\sqrt{4}$）。

在天数对应的标准差范围内搜寻，可以捕获 68.3% 的蚊子。如果放任

蚊子军团的分布方式

| | 西 | | | | | | | | 东 | | | | | | | |
|---|---|---|---|---|---|---|---|---|---|---|---|---|---|---|---|---|
| | | −6 | −5 | −4 | −3 | −2 | −1 | 0 | 1 | 2 | 3 | 4 | 5 | 6 | | |
| 天数 | | | | | | | | | | | | | | | | 标准差 |
| 1 | | | | | | | 1 | | 1 | | | | | | | $\sqrt{1}$ |
| 2 | | | | | | 1 | | 2 | | 1 | | | | | | $\sqrt{2}$ |
| 3 | | | | | 1 | | 3 | | 3 | | 1 | | | | | $\sqrt{3}$ |
| 4 | | | | 1 | | 4 | | 6 | | 4 | | 1 | | | | $\sqrt{4}$ |
| 5 | | | 1 | | 5 | | 10 | | 10 | | 5 | | 1 | | | $\sqrt{5}$ |
| 6 | | 1 | | 6 | | 15 | | 20 | | 15 | | 6 | | 1 | | $\sqrt{6}$ |

它们飞行100天，则可以预计有68.3%的蚊子分散在东西1000米的范围内。

无论是进行投资还是商业活动，风险与时间的关系式都非常重要。知道了这个关系式，我们就可以预测损失范围了，也可以防止在不知不觉中承担超出承受范围的风险，避免出现无法挽回的损失。

在投资或商业活动中，持续时间非常重要。有些项目有时间上的制约，比如一年之内不能退出项目等。这时，如果可以知道允许退出预计会造成多大的损失，将其扣除后，就可以决定开店的数量、规模和初期投资金额了。

下面举一个股票投资的例子。假设今天的股价为100日元，风险（价格波动的标准差）为1%，每天的预期收益率为0。购买100万日元这只股票，一年后收益率的标准差为：

$$1\% \times \sqrt{365} = 19.1\%$$。[①]

① 假定每天的预期收益率为0，意味着折现率为0，即不考虑时间的影响，每一天都是同样的一天。——编者注

因此，我们就可以提前知道，一年之后持有股票总额在 84 万日元（100 ÷ 1.19）至 119 万日元（100 × 1.19）之间的概率为 68.3%。

两个标准差为 38%，一年后持有股票总额在 72.4 万日元（100 ÷ 1.38）以下，或在 138 万日元（100 × 1.38）以上的概率，可以视为几乎没有。

为了便于理解，我们将一年的时间假定为 365 天，但实际的股票交易市场的交易日只有工作日，天数要少于 365 天。

## 控制风险的方法

谋求高收益，就必须做好承担高风险的思想准备。选择低风险，收益也会相对较低。

那么，可不可以保持收益率不变，只减少风险呢？这种想法虽然自私，但一直以来，研究人员都在费尽心思寻找这种控制风险的方法。所以在这里，笔者稍稍提一下资产组合与期权的内容。

假设你是象棋业余棋手中的名人，但你基本上无法战胜专业棋手。专业和业余的差距就是如此之大。

这时候，你却必须和两名专业棋手同时对弈，尽管这种做法有些鲁莽，但是你应该采取何种战术呢？只应对一局比赛，你就需要高度集中精力，和两名对手同时比赛，原本对你不利的情况会变得更加严峻。

另外，对这场比赛的输赢还设了赌局。假设你过去和各位专业棋手对弈的成绩为 20 战 1 胜 19 败。也就是说，你战胜一名专业棋手的概率是二十分之一。对于赌注的返奖率（赔率）如下所示：

业余棋手两局均输（2 败）概率为 90.25%，赔率 1.1 倍

业余棋手一局胜一局输（1 胜 1 败）概率为 9.5%，赔率 10.5 倍

业余棋手两局均胜（2 胜）概率为 0.25%，赔率 400 倍

你自己也可以参与这个赌局，但不可以押注“业余棋手两局均输”。因为你如果敷衍了事就会两局都输掉，也就可以在赌局中获胜。

假设在这个游戏中，有绝招能使你一定可以战胜两名专业棋手中的一个。也就是说有方法可以使你赢得赔率 10.5 倍的赌局。具体方法如下：

- 在和 A 棋手的对弈中，你选择后手，观察他第一步怎么走。
- 然后立刻跑到另一间屋子，和 B 棋手对弈，选择先手，走出刚刚 A 棋手的第一步棋。
- 看到 B 棋手走出下一步之后，返回到和 A 棋手对弈的房间，使用刚刚 B 棋手的那步棋。
- 之后继续使用同样的方法下棋。

这样一来，你一定可以战胜其中一名专业棋手，当然也会输给另一名棋手。如此，你既可以赢得比赛，也可以赢得赌局。

## 什么是资产组合理论

上一节中提到的下棋方法出自西德尼·谢尔顿（Sidney Sheldon）的小说《谋略大师》（*Master of the Game*）。因为非常有趣，笔者到现在仍记忆犹新。

笔者会提到这个故事，正是因为这就是不改变收益率而使风险减少的方法——“资产组合理论”。

正确来说，资产组合理论应该被称为“现代资产组合理论”。美国学者哈里·马科维茨（Harry M. Markowitz）在 1952 年发表的论文《资产组合的选择——投资的有效分散化》（“Portfolio Selection”）中，首次提到这个理论，并于 1990 年获得诺贝尔经济学奖。

Portfolio 原本是指装文件的公文包。在金融学中，指分散投资多种资产来规避风险的行为。也有一种说法叫作“不要把鸡蛋放在同一个篮子里”。

我们回到前面法国餐馆和拉面店的商业例子中来。两家店的日营业额平均值都是 20 万日元，法国餐馆的标准差是 6.01 万日元，拉面店的标准差为 2.75 万日元。

现在你决定开设新店，用于投资新店的资金是 1.5 亿日元，刚好可以开三家。三家店中开几家拉面店几家法国餐馆比较合理呢?

如果两种店的营业利润率相等，一般认为三家都开风险较低的拉面店最合理。但是，你无论如何也想要开法国餐馆。有什么好办法可以解决这个问题吗?

最佳的解决方案就是开一家法国餐馆，两家拉面店。我们来计算一下这种开店组合 20 天的营业总额。

一间法国餐馆和两间拉面店的营业额变化（单位：万日元）

| 营业日 | 法国餐馆 | 拉面店(×2) | 合计 | 平均值 | 偏差 | 方差 | 标准差 |
|---|---|---|---|---|---|---|---|
| 1 | 23 | 38 | 61 | | 0.8 | | |
| 2 | 22 | 38 | 60 | | −0.2 | | |
| 3 | 22 | 40 | 62 | | 1.8 | | |
| 4 | 10 | 48 | 58 | | −2.2 | | |
| 5 | 30 | 32 | 62 | | 1.8 | | |
| 6 | 18 | 42 | 60 | | −0.2 | | |
| 7 | 31 | 30 | 61 | | 0.8 | | |
| 8 | 26 | 36 | 62 | | 1.8 | | |
| 9 | 19 | 42 | 61 | | 0.8 | | |
| 10 | 16 | 42 | 58 | | −2.2 | | |
| 11 | 14 | 44 | 58 | | −2.2 | | |
| 12 | 20 | 40 | 60 | | −0.2 | | |
| 13 | 11 | 50 | 61 | | 0.8 | | |
| 14 | 19 | 40 | 59 | | −1.2 | | |

| 营业日 | 法国餐馆 | 拉面店（×2） | 合计 | 平均值 | 偏差 | 方差 | 标准差 |
|---|---|---|---|---|---|---|---|
| 15 | 27 | 36 | 63 | | 2.8 | | |
| 16 | 23 | 36 | 59 | | –1.2 | | |
| 17 | 26 | 36 | 62 | | 1.8 | | |
| 18 | 11 | 48 | 59 | | –1.2 | | |
| 19 | 8 | 50 | 58 | | –2.2 | | |
| 20 | 24 | 36 | 60 | | –0.2 | | |
| 汇总 | 400 | 804 | 1204 | 60.2 | 40 | 2.36 | 1.54 |

一间法国餐馆和两间拉面店的营业额变化

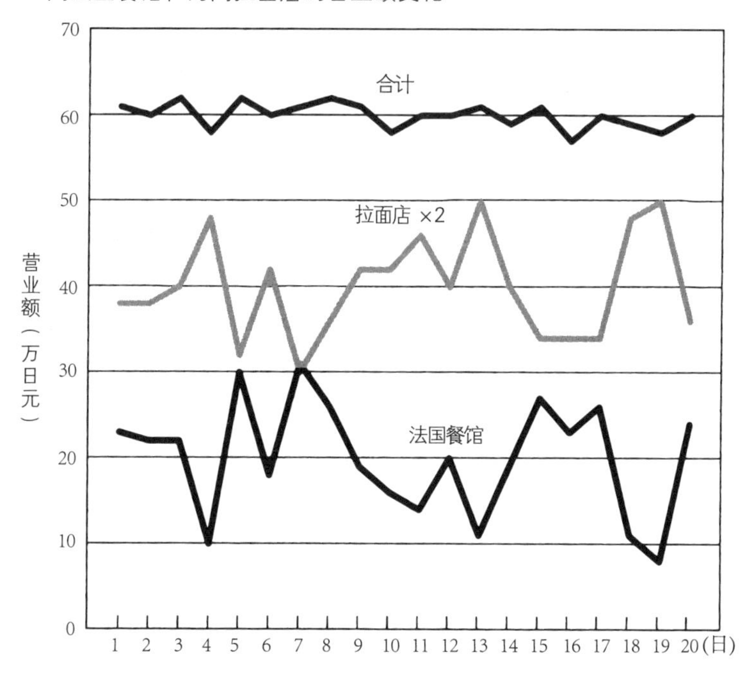


日营业额平均值为60.2万日元，标准差为1.54，低于三家都是拉面店的标准差2.75。

也就是说，收益（此例中为日营业额的平均值）没有改变，但风险（标准差）降低了。

为什么会出现这种现象呢？观察图表即可得知，法国餐馆生意兴隆、营业额较高时，拉面店就生意平平、营业额较低，反过来也是如此。

总之，两家店营业额此消彼长，你高我低。将二者组合在一起，日营业额数值的高低就可以相互抵消，接近平均值。

拉面店和法国餐馆二者营业额的偏差相互抵消，通过这种投资组合，可以降低风险。另外，只开拉面店时，不要只开一家店，而是要在几个地方分别开店（分散投资），这样也可以降低风险。

和两名专业棋手对弈，也是通过营造“如果要战胜一个人，必须输给另一个人”这种投资组合的形式，才得以规避“战胜两名专业棋手”（基本不可能）和“负于两名专业棋手”（可能性最高）两种偏差。

了解资产组合理论之后，我们来观察商业活动，会发现很多与此相关的细节。同一架飞机的三名飞行员，在起飞之前，不可以吃相同的食物，这也是分散投资的例子。

试考虑出租车公司的保险。对于出租车公司来说，出租车司机造成的事故属于商业上的风险。行业法规中要求出租车必须加入自愿保险，以防发生事故。但是，对于规模很大的出租车公司来说，从资产组合理论来看，他们可以考虑不加入自愿保险。当然这始终只是一个思想实验。

因为公司的资产分散投资在数量众多的出租车和司机身上，根据大数定律，可以控制一年时间内发生事故次数的偏差。因此，比起公司内所有出租车花钱购买保险，发生事故时支付的赔偿金可能会更低。

## 期权是规避风险的最强手段

下面介绍另一种规避风险的方法——期权。期权很多时候被归类为金融商品，给人一种它很复杂的印象。其实，我们身边就存在着很多期权交易。

期权交易是指“授予、买卖期权的交易”。期权是指“针对某种标的资产，在事先规定好的未来某一特定的日期或某一段时间内，按照一定的比率或价格（执行比率、执行价格）交易的权利”。

我们通过具体的事例来说明。假设你在经常光顾的一家店里看到了一件很雅致的大衣。标价 10 万日元，你觉得有一点贵，但还是很想买下来。不巧的是店里刚好没有合适的尺寸了，所以你决定向店家“订购”。

订购完之后，你在另一家店里发现一件和刚刚订购的大衣同样款式、同样尺寸的衣服，而且标价只要 7 万日元。你可能会隐藏起自己的些许愧疚，打电话向刚才那家店取消订购，买下这件 7 万日元的大衣。

这种“订购”行为，就可以视为期权交易。期权交易是指支付适当的预约金，可以取消预约的行为。

金融中所说的“远期合约”，一旦缔结交易合约，就必须执行。而期权交易则可以取消合约。

因为订购时也可以取消订单，所以店家希望顾客支付取消费。顾客可能会因为一时冲动放弃购买订购的大衣，商店则必须将大衣卖给客人。顾客拥有购买的权利也拥有不购买的权利，而店家则只有出售的义务。这是不平等的，所以顾客本来就必须提前支付适当的预约金。

期权交易被广泛运用于股票、外汇、债券等各种金融交易中。假设你购买了 100 日元的 A 股票，今后股价可能会上涨而使你受益，也可能会下跌而使你蒙受损失。

因此，如果提前购买了“任何时候都可以将 A 股票以 100 日元价格卖出的权利”，你就可以安心投资了。这份安心费就是你提前支付的期权价格，我们称它为权利金。期权可以说是“为应对万一会发生的不好的事情所做的准备”。

当我们无法像资产组合那样同时分散投资多项资产时，期权交易就是非常有效的避险手段。你手头只有 5000 万日元资金，无论如何也想要尝试经营法国餐馆。但日营业额低于 10 万日元就会产生赤字，你想要避开这种情况。

这时，如果能够购买“当日营业额低于10万日元时，可以收到额外的款项弥补亏损的权利”，你就可以安心经营法国餐馆了。

那么，期权的价格（权利金）是如何决定的呢？

## 确定期权价值的简易方法

虽然期权的价值可以由期权定价模型公式推导求出，但即使不使用这么复杂的工具，我们也可以基本理解。

有一只股票，现在的交易价格为100日元，一年后股价或为120日元或为80日元，只有这两种情况。试思考这个简单的二项式模型。

如果你拥有两个单位（两股）“一年后，以100日元购买这只股票的权利（看涨期权）”，你会要价多少呢？

我们来整理一下你卖掉这份期权时，所要承担的风险。

一年之后，股价上升至120日元时，期权的买方行使购买股票的权利。你必须把两股股票以每股100日元的价格卖给他。按照每股120日元的市场行情，这两股股票可以卖240日元。你以200日元的价格卖给期权买方，肯定会损失40日元。

一年之后，如果股票下跌至80日元，期权买方不会行使期权，那么你的盈亏就是零。

因此，你必须规避损失40日元的风险。这里有一个好方法。趁现在这只股票的价格是100日元，你先从市场购买一股。一年之后，如果股价变成120日元，你可以得到20日元的利润，如果股价变为80日元，你就会损失20日元。

我们将刚才计算的期权的盈亏和购买一股股票造成的盈亏合起来计算。股价为120日元时，期权损失40日元，购买股票获利20日元，合计损失 20 日元。

股价跌至 80 日元时，期权的盈亏为零，购买股票损失 20 日元。

两种情况都会有 20 日元的损失，我们就可以这样想：一年之后，无论股价是上涨还是下跌，期权和股票合计盈亏的结果是固定的，都是“损失 20 日元”。

总之，今天购买股票，就可以消除一年后现金流量的偏差。也就是说，可以规避风险。如上所述，为了规避期权交易的风险而买卖股票的行为，称作“风险对冲”（delta hedge）。

经过上述思考，应该就会知道“一年后以 100 日元购买这只股票的权利，两个单位这种权利售价是多少”。没错，是 20 日元。

因为一年后一定会出现 20 日元的损失，如果可以收取 20 日元的权利金，你的盈亏就是零。

影响期权价格最大的因素就是一年之后股价的偏差。在刚才的例子中，我们是将股价设定为 120 日元或 80 日元进行计算，如果一年之后股价上涨至 200 日元或下跌至 50 日元，就必须提高期权价格，否则就太划不来了。在期权术语中，这一年间股价的偏差称为“波动率”（volatility）。

期权交易示例

| | | A | B | A + B |
|---|---|---|---|---|
| 今日股价 | 一年后的股价 | 期权的盈亏 | 股票的盈亏 | 合计盈亏 |
| | 120 | −40 | 20 | −20 |
| 100 | | | | |
| | 80 | 0 | −20 | −20 |

## 优质企业和问题公司，哪家的股票期权更合算

日本也实行股票期权制度。股票期权制度，是指授予公司员工按照提

前确定的价格购买本公司股票的权利这样一种制度，它是激发公司员工干劲的一种手段。

例如，假设现在股价为 100 日元，你此时获得了将来可以用 100 日元购买 1 万股自己公司股票的权利。这项权利虽然现在不会产生任何收益，但股价如果上涨到 200 日元，你行使权利，以每股 100 日元的价格购买 1 万股股票，再以每股 200 日元的价格抛售，就可以获得 100 万日元的收益。

此时，希望大家思考这样一个问题：优质企业和问题公司的股票期权，哪个收益更大?

你和朋友在两家不同的企业工作。朋友的公司业绩非常好，股价也在近三年内逐年上涨。

而你的公司前几年还不错，两年前因为和竞争对手争夺市场份额落败，业绩正处于下滑阶段。公司准备扩大海外市场，但目前还看不到成果。一年前，公司股价跌了一半，今后是涨是跌无法确定。

这种情况下，你们两个人都获得了股票期权，哪家公司的股票期权更有魅力呢?

可能对你来说，会觉得朋友的股票期权更有魅力。因为客观来看，朋友公司的股票价格上涨的可能性，要大于你公司股价上涨的可能性。

但是，如果要买卖股票期权，你公司的股票期权的价格会更高。

我们可以这样思考。假设现在两家公司的股价都是 100 日元。设定一年之后股价的偏差，你公司的股价是 130 日元或 30 日元，朋友公司的股价是 130 日元或 90 日元。两个人获得的股票期权都是一年之后以 100 日元购买 1 万股自家公司股票的权利。

无论股价如何变化，现金流量都不会出现偏差——想要实现这一目的，你应该购买哪种金融产品呢？又应该购买多少呢?

因为这一次你二人都是期权的买方，所以股价上涨时会获得收益，下跌时就没有收益。因此，为了消除收益的偏差，只要现在将股票卖空就可以了。卖空是指将从某处借来的股票在市场上卖掉，之后再买入股票还回去的行为。

你的朋友如果卖掉 0.75 股，一年之后无论股价如何变化，都可以获得 7.5 日元的收益。而你可以卖掉 0.3 股，一年之后无论股价如何变化，都一定可以获得 21 日元的收益。

我们只验算你的情况。如果股价上涨至 130 日元，你行使期权，获得每股 30 日元的收益。然后买进 0.3 股，即花费 39 日元。卖空时收益 30 日元，所以损失 9 日元，和行使期权获得的 30 日元收益相加，最终收益为 21 日元。

当股价跌至 30 日元时，你不行使期权，从市场买进 0.3 股还回去，花费 9 日元。卖空的时候收益 30 日元，减去 9 日元，还剩下 21 日元的收益。

直觉上可能会觉得不可思议，你的公司股价下跌幅度较大，结果股票期权的收益也较大。

原因就是，股票期权的价值来自于股价的偏差（波动率）。和公司的股价预计会不会上涨没有关系。

换个角度想，如果你朋友公司的股价确定会上涨，谁还会特意花钱买期权呢？现在立刻花 100 日元去买股票，等着一年后股票涨到 130 日元就好了。像你公司的股价这样，可能会急剧跌至 30 日元。有偏差的股票，作为期权的价值才会变高。问题公司的期权比优质企业的期权更有价值。

朋友的股票期权

| 卖出股票数 0.75 | | | | |
|---|---|---|---|---|
| | | A | B | A + B |
| 今日股价 | 一年后的股价 | 期权盈亏 | 股票盈亏 | 合计盈亏 |
| | 130 | 30 | −22.5 | 7.5 |
| 100 | | | | |
| | 90 | 0 | 7.5 | 7.5 |

你的股票期权

| 卖出股票数 0.3 | | | | |
|---|---|---|---|---|
| | | A | B | A + B |
| 今日股价 | 一年后的股价 | 期权盈亏 | 股票盈亏 | 合计盈亏 |
| | 130 | 30 | –9 | 21 |
| 100 | | | | |
| | 30 | 0 | 21 | 21 |

## 越绕道越有价值

前文中曾提到，和股价变动相关的偏差叫作波动率。我们对于偏差所指的内容存在误解，需要注意。下面三只股票的变动，哪一只的偏差（波动率）最大？

A 股票从 100 日元涨至 200 日元，逐渐上升。

B 股票为 100 日元，几乎没有变动。

C 股票一度从 100 日元涨至 200 日元，又跌回 100 日元。

A 股票价格翻了一倍，变动幅度最大。与之相比，B、C 两只股票的价格都回到了最初的 100 日元。因此，A 股票的偏差最大。

三只股票中 C 股票的偏差最大

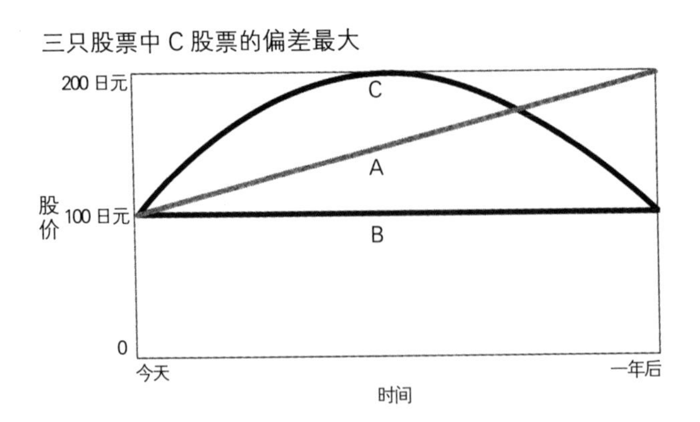

你可能会做出上述判断，但这并不是正确答案。偏差最大的是C股票，A股票和B股票一样，偏差为零。

偏差并不是股票变动的差价，而是指在一定时间内，每日收益和平均收益的差。

A股票每天的上涨率是一定的，平均收益和单日收益的差为零。每天以1%的速度规律上涨的股票，明天应该也会上涨1%。因为很容易预想到明天的情况，股票的风险（偏差）就会减小。

C股票虽然最终跌回最初的100日元，但它每天的价格波动上上下下，和平均值的偏差很大。

风险、偏差、波动率的大小意味着，从起点到终点，绕了多远的路。从起点到终点，以最短距离（也就是直线）运动的股票，风险为零。此处再次重申，股票价格变化的大小和风险无关，风险不是结果，我们要重视的是过程。

## 保险都是期权

我们身边有各种各样的保险产品。基本上，这些保险产品都是一种期权。因为癌症保险、医疗保险、死亡保险，全部都是在“万一”发生不好的事情时，保险公司支付给我们的补偿。当然，高尔夫的一杆入洞险可能是个例外。

发生在我们自己身上的不幸，很多时候没办法通过分散投资来规避。因为我们的身体只有一个。好不容易买下一栋房子，它发生火灾的风险也不能够通过购买一百栋房子来分散。因此我们只好加入保险。不过，如何判断自己购买保险是否成功呢？

例如，你购买了火灾保险，如果房子着火烧光，你会觉得“幸好有保险”。但如果你购买了保险，结果一辈子都平安无事，没有发生火灾，你是不是会认为“购买保险真是亏了”?

答案是否定的。即使房子平安无事，也是“幸好有保险”。因为保险这种期权的目的，是无论最糟糕的事情发生与否，都要规避现金流量损失的不确定性。如果可以使现金流量稳定，购买保险的目的就达到了。

能够保证现金流量稳定，还加入其他保险，这时保险就是件吃亏的事。就医疗保险来说，如果有住院时补偿住院费的保险，就可以使支付住院费时产生的现金流量维持稳定。再加入其他带有特殊协议的保险，实际上和“赌自己会生病的投机”是一样的。

## 为什么房地产的保证金是10%

在房地产交易中有交保证金的习惯。签订房屋买卖合同时，买方会提前支付给卖方一部分房款。房屋顺利交付时，再向卖方缴纳全款。买方想要解除合同，只需放弃保证金就可以了。

保证金能否认为是期权交易中的权利金呢?什么情况下买方会放弃保证金呢?

首先，当你找到另一间公寓，它和你已经支付了保证金的公寓完全相同，但价格更便宜，且差价大于保证金。这时你就可以放弃保证金。当然，因为公寓的差异性很强，可能没办法找到相同的公寓，我们在这里只是假定可以找到。

这样一来，期权的价值由公寓市场行情的波动率决定。经济泡沫破裂时，公寓价格急剧下降，应该有很多买方放弃保证金的案例。

另外，期权的价值还受到支付保证金到房屋交付期间长短的影响。通常情况下，这段时间越长，期权价值越高。因此，如果保证金的金额相等，支付保证金到房屋交付这段时间较长的情况比较划算。

因此，任何房屋的保证金都是房屋全款的10%这一习惯，理论上来讲并不合理。

现在开始准备建造的公寓，交保证金后一年以上才能收房。在这么长的时间内，公寓的市场行情可能会有大的变动。如果行情大幅下跌，我们可以放弃保证金，去买便宜许多的同等水平的公寓。

购买二手公寓时，从交保证金到过户有时只用一个星期。这段时间里，公寓的市场行情基本不可能会发生大的变动，作为权利金的保证金少一点应该也没关系。因为风险和时间的平方根成比例，一年时间的保证金必须是一个月保证金的$\sqrt{12}$倍，即必须是一个月保证金的3.5倍。

保证金和期权交易有一点不同。那就是在收房的时候，需支付的金额要扣除保证金。在通常的期权交易中，无论是否行使权利，之前交易时支付的权利金都不会返还。

这样看来，保证金制度似乎对买方有利。特别是交房时间较长的时候。

卖方为什么会愿意这样交易呢？其实，卖方也应该注意保证金制度。卖方和买方一样拥有解除合同的权利，只需要支付给买方双倍的保证金。

如果房价大涨，卖方可以支付给买方双倍保证金，解除合同，然后用更高的价格卖给其他买家。可以说，支付保证金的习惯，是买卖双方互相买卖期权的一种特殊交易。

Chapter 7

# 蚂蚁和蟋蟀，谁的生活更好

## ——绕道的价值

作为投资对象的商品、股票以及项目的货币价值，是基于现金流量得出的。这是本书反复强调的内容，也是金融理论的基础。

人的货币价值，也可以通过这个人将来能赚取的现金流量来计算。正如书中所说的，世界上始终只有货币价值，而没有个人的存在价值。

即便如此，可能还是会有人对用现金流量计算人的价值这种事感到不舒服。如果你觉得“这是在说有钱人了不起吗”，那其实是误解了笔者的意思。

我们不妨试着这样想。人的价值，不是由他拥有的现金总额决定的，而是由他创造现金流量的能力大小决定的。无论是以何种形式，无论在企业或国家的经济活动中承担何种责任，能够通过投资、消费以及工作持续创造现金流量的能力，才是最重要的。

特别是年轻人，他们首先必须掌握的是挣钱的能力，而不是存钱的能力。只拥有钱的人，会成为别人嫉妒的对象，未必会成为别人尊敬的对象。人们尊敬、羡慕的是一个人拥有的创造现金流量的能力，而不是他拥有的金钱。

## 现金不会产生价值

Cash，是指现金或存款，比起缺钱，自然是钱越多越好。所以，人们会为了金钱而工作、节约、存钱，也会有人为了获得金钱而犯罪。

但是，现金本身不会产生任何价值。如果地球上的人类、国家、企业，只是在一直积攒现金，而不使用它、周转它，情况会如何呢？经济会停滞，世界经济也会停止变化。

现金就像是血液。血液只有在体内流动才有意义，才能维持生命。所以现金必须有“流量”。如果血液在身体的某一处堵塞不动，用不了多久，人就会死亡。如果现金也在某处停滞不动，将会给经济带来恶劣的影响。无论是过去还是现在，我们总能听到关于艺人破产或是身负巨额债务的新闻。他们中有些人是遭到诈骗，有些人是自身的问题，原因多种多样。但是，其中有很多人专心赚钱，最终还清了巨额债务。

以下可能是笔者的独断：当笔者看到破产的艺人召开记者会时，虽然觉得他们勇气可嘉，但和事情的重大程度相比，我更关注他们的精神状态和形象，他们并不消沉。他们暗中应该也是这样想的：“钱再赚就好了。”

即使破产，手头的资产都没有了，只要他们还拥有创造现金流量的能力，就没有问题。他们中可能也有些人会因为借钱而激发工作的积极性。笔者认为，艺人最害怕的事情并不是借钱。被世人遗忘一定比借钱恐怖得多。

## 人、物、钱，这样排序的含义

你可能会感到非常意外，在金融世界里，大家把人的价值看得很重。

“人、物、钱”经常作为企业经营的三要素被提出来。那么，为什么是“人、物、钱”这个顺序呢？

我们来看一下企业的资产负债表。右侧是从投资者处筹集的资金，左侧的资产栏中记载着用这些筹集来的资金买了什么东西。

我们重点看一下资产类。资产按照现金、应收账款、存货、固定资产（工厂、设备、土地）的顺序排列。反映的是资产变现的难易程度，能够

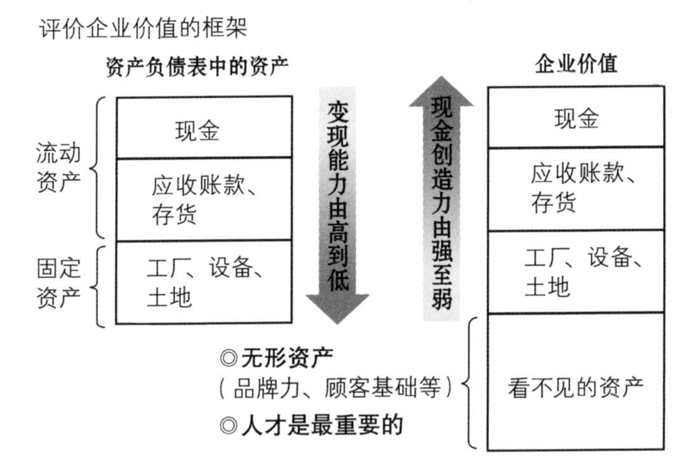


用来判断公司财务的健全性。

与之相对，金融理论中，企业的价值是资产产生的现金流量的价值。因此从金融理论的角度来看，会计上的资产顺序是按照从上至下创造现金流量的能力越来越强。

现金不能产生现金流量，应收账款也只能变成现金，无法创造现金流量。工厂、设备等固定资产，它们自身就可以创造现金流量。而且，能够比工厂、设备等创造更多现金流量的，是人。

你是否还记得卓别林的电影《摩登时代》（*Modern Times*）？这部作品猛烈地讽刺了资本主义和机械文明，用幽默的方式表现了这样一个世界——劳动者失去了个人尊严，成为机械的一部分。卓别林被迫体验自动喂饭机的场景、被卷入齿轮的场景，最后一幕卓别林和女主角牵手走在马路上的场景，都非常有名。

在这部电影中，卓别林想要表达的难道不是“世界上不能只有机器，人才是重要的”这个观点吗？马克思的劳动价值理论也说明了这个观点。这些观点在现在看来依然是真理。如果没有人的手，工厂的机器是不能创造出现金流量的。

丰田汽车的工厂，是没有办法不依靠人力自动生产出汽车的。人们在运行管理上颇下了一番功夫，丰田的看板管理就是代表案例。新一代汽车的研究开发等，也不是计算机独立进行的。

总之，最具现金流量创造能力的是人。人、物、钱的顺序，是按照现金流量创造力的强弱排列的。

## 教育投资是高效的

人是能够创造现金流量的重要资产，所以对人的“投资”，回报率很高。

试将对人的投资和对新工厂的投资稍做比较。假设在员工教育投资和工厂建设投资上，各投入一亿日元。

如果员工通过教育学到的知识和技能能够顺利运用在商业活动中，就可以创造更多的现金流量。在会计上，资产负债表中并没有“人”这一项，所以这一亿日元全部记入费用项中，在税务上属于损失金额，如果是盈利企业，会产生避税效果。

如果工厂顺利运转，也会产生现金流量。但是，对工厂的建设投资，在资产负债表中只是将“现金”资产转变为工厂这项“固定资产”，起不到避税效果，只能利用折旧进行调整。另外，工厂会老化，所以后续必须追加投资，进行维修。

这样一比较，我们就可以知道，用于员工教育投资的那一亿日元效率更高。但是，2008 年世界金融危机之后，有不少企业最先削减掉的是教育培训费。虽然政府宣传“人是重要的资产”，但许多经营者还是认为“公司都处于危机中了，哪里是搞培训的时候”。

不过，如果只是硬逼着没有干劲的员工进行培训，确实是白费功夫。如果无法使员工“将通过教育学到的知识和技能顺利运用在商业活动中”，现金流量就不会增加。即使参加了培训，如果不加以复习巩固，马上就会忘记学到的知识，所以“追加投资和维修”其实也是重要的。

经营者们削减教育培训费的真正心声，可能是“我们不需要没用的员工”。

## 现金中附带着借款利息

前文曾提到，现金无法创造价值。不但无法创造价值，如果不能有效地使用金钱，还会事与愿违，不断产生看不见的利息。

企业为了扩大经营，会支付一定的资金成本（利息），从投资商处筹措资金。我们假设需支付的存款利息是10%。

我们利用筹措来的资金建设工厂、进行研究开发、投入生产，进行各种生产经营活动，可以创造现金流量。但是，如果把一部分筹措来的资金以现金的形式放置一旁，会发生什么呢？那些钱只是现金而已，没有办法创造现金流量，所以也就没有办法产生投资商要求的10%的收益。

如果拥有100亿日元的现金，明明需要创造出10亿日元的现金流量，实际却连1日元都创造不出来，企业的价值就会下跌10亿日元。

存折里极为重视的存款、藏在地板下的现金，你拥有的这些钱都承受着非常高的资金成本。

父母给孩子零花钱，并不是希望他们把钱存起来，而是希望他们可以有效利用那些钱。笔者并不是说要用这些钱买参考书。可以去旅行，也可以买自己喜欢的衣服。家长是希望孩子们可以用这些钱给自己带来更好的经历或是对自己进行投资。

人生也是一样。我们所有人能够活在当下，都是多亏了曾经有各种各样的人对他们自己进行了投资。

例如，假设你是一个农民，如果没有祖辈开山造田，你现在可能就无法经营家业——农业。

许多人或直接或间接地对你进行了投资，为了回报这些人，你有义务有效地利用自己拥有的资产。生活所必需的以及为了以防万一准备的存款是绝对有必要的，但除此之外的现金只能归类为闲置资本。

为了提高自己的价值，我们不要让手头的现金停滞不动，应该永远意识到要用这些钱对自己进行更好的投资。

## 现金在你拥有的一瞬间就开始腐烂了

存入存折的现金是不会流动的，它们如同一潭死水，马上就会腐臭。今天的 100 万日元，到了明天可能只有 90 万日元的价值。

利率（折现率）存在的原因之一，就是借出金钱一方的信用风险。但是正如本书第三章说过的，平均预期寿命与此有很大关系。

人们关于金钱的效用，受到个人健康状况、年龄、生活方式等因素的影响。

对健康活泼、兴趣广泛的人来说，金钱的效用随年龄增加而减少的幅度可能较小，但终究是减少的。

笔者认为三十多岁的时候可能是效用的峰值。人超过三十岁，可能会更重视现在。自然，我们并不能抹去对晚年生活的不安，也不知道能拿到多少退休金。但也不能因此牺牲自己现在想要做的事情、现在应该做的事情，一门心思为晚年生活做准备。

必要的是我们要提升自己——保持身体健康，努力提升个人能力，尽量使自己创造现金流量的能力和享受经历的能力维持更长时间。

## 新说：蚂蚁和蟋蟀

大家都知道伊索寓言中《蚂蚁和蟋蟀》的故事。夏天，蚂蚁们储备过冬的粮食，专心工作、毫不懈怠。而蟋蟀瞧不起辛勤工作的蚂蚁，兴致勃勃地拉着小提琴唱着歌。终于冬天来了，蟋蟀发现自己找不到食物，于是慌慌张张找到蚂蚁，祈求分一些食物给它，但蚂蚁却拒绝了它，说："既然你夏天时唱歌，那冬天就跳舞怎么样？"最终，蟋蟀饿死了。

这个故事结局略残酷，所以也有人将故事改为蚂蚁施舍了食物给蟋蟀，并劝诫蟋蟀改掉只顾一时行乐的生活方式，以此为契机，蟋蟀洗心革面，从此认真工作。

1934年，当政的富兰克林·罗斯福实行新政，逐步导入社会保障制度。出于政治上的考量，华特·迪士尼（Walt Disney）制作的短篇电影将结局改编为蚂蚁把食物分给了蟋蟀，蟋蟀作为回报为蚂蚁演奏小提琴。

这个寓言故事有两层含义。第一层含义是，如果像蟋蟀一样疏于为将来做准备，会落入非常困苦的境地，所以要像蚂蚁一样，常常考虑到将来会发生的危机，提前做好准备。

第二层含义是，像蚂蚁一样只考虑储存粮食的人，他们看到穷困者即将饿死也不会伸出援手，心胸非常狭窄。

蟋蟀的人生真的是毫无计划、只顾一时行乐吗？虽然蚂蚁批评它不去工作，只顾享受，每日拉琴唱歌，但笔者希望大家可以认真想一想。

讨论寓言故事的时候，提到现实生活中的蟋蟀可能有些拆台，但笔者还是打算说明一下。

蟋蟀成虫的生命平均只有两个月左右。最迟到十一月，所有的蟋蟀就会走向死亡。老化后的成虫跗节坏死，失去了在地面爬行的能力，完成繁殖的成虫在过冬之前就会结束生命。

而蟋蟀的幼虫在地下孵化后，爬出地面，以植物为食。随着身体不断成长，它开始捕食蝴蝶幼虫等。食物不够，它们还会同类相食。蟋蟀幼虫对于入侵自己领地的敌人绝不容忍，会主动发起攻击，甚至捕食入侵者。如果不摄入动物性蛋白质，幼虫就不能顺利成长，雌性幼虫将来产卵时也会有障碍。

假设蟋蟀一生的峰值是成虫时期，为了使峰值效用最大化，幼虫时期就应该贪婪地摄取蛋白质，对自己进行投资。

相对于蟋蟀，蚂蚁的情况又如何呢？蚂蚁夏天收集食物作为储备粮得以过冬，可即使到了春天，它应该也还是会继续为了过冬屯粮。工蚁所有时间都在工作。即便能够成功过冬，工蚁的寿命至多也只有两年，来年春天就不会再睁开眼睛。

如果用人来比喻，有些人为了晚年生活拼命工作，埋头存钱，在不停存钱的时候迎来死亡，这种人就和工蚁一样。

我们先不谈工蚁如何，人如果变得和工蚁一样是非常可悲的。人为什么会选择这样生活呢？因为我们的寿命具有确定性。如果我们像蟋蟀的成虫一样两个星期就享尽天年，未必会选择这样的生活。

## 生前赠予胜过遗产继承

我们没有必要对将来的不确定性反应过度。虽然不知道具体时间，但人一定会迎来衰老和死亡。重要的是，我们要充分认识到自己人生每个阶段应该做什么、做什么效用最高，然后最大限度地活在当下。

笔者希望你能够在年轻的时候最大限度地投资自己，三四十岁时使现金流量最大化，在保证自己年老有充足资金生活的基础上，为社会、为后人，把剩下的金钱进行投资。

笔者在和企业家聊天的时候，会谈到“什么时候把位置传给下一代”这个话题，换言之，就是公司继承问题。有些企业家会激动地说：“只要我活着就不会让儿子接手公司”，但某个成功经营家族企业的企业家却明确表明：“儿子继承公司越早越好”。在儿子魄力、体力充沛的时候交接班，更有利于提高公司的价值。如果有人提问“选择遗产继承还是生前赠予”，笔者的建议是“生前赠予”。

## 不会背叛的财产只有你自己

有些人很憧憬房地产业的谋生方式。他们想着：“我不想流汗工作，我想通过房地产赚钱，这样就可以将时间花在自己的兴趣上了。”所以房地产投资秘籍类的图书，往往被摆放在书店最显眼的位置，投资讲座也是势头十足。并且，参加讲座的不只是老年人，还有许多年轻人。

只依靠投资房地产生活究竟是对是错，笔者在此不多评价，但如果所有的日本人都抱着这种想法，会出现何种后果呢？渐渐地，没有人会用工资来支付房租，房地产价格于是暴跌，非但无法获得非工作收入，还会落得满身债务。

我们来看看只依靠非工作收入生活的人，他们的资产负债表中“资产”一栏内容是什么。在他们的资产负债表中，创造现金流量的资产只有用于投资的房地产，他们自己和现金一样，都变成了闲置资产。而他们拥有的房地产是可转让资产，只要出钱就可以购买，也可以出售。房产不知何时就会离开你。不会背叛的财产只有你自己。

## “唯吾知足”的教诲

人们一直相信，如果自己变成有钱人，应该就会拥有幸福的人生。但是，对于现在还没有钱的人来说，没有办法想象变成有钱人时感受到的满足程度（经验效用）。在现在这个时间点，我们只能依靠过去经历的记忆判断、推测未来的经验效用。

丹尼尔·卡尼曼将我们实际感受到的快感与不快称作“经验效用”，将我们经历过后残存在记忆中的快感与不快称作“记忆效用”。他将二者明确定义为完全不同的事物。

我们感受记忆效用的方法，受到经历过的最大的快感与不快的影响（称作“峰终定律”）。因此，年少时期生活贫困的人，受到幼时最不愉快的记忆的影响，会高估“自己将来成为有钱人时感受到的满足感”。

为了成为有钱人，他们会比别人多付出成倍的努力来工作、学习，年少贫困的经历会成为动力。但如果太过努力，就会唤醒自己内心对于金钱的异常执着，扭曲自己的人生目标。

人具有适应能力，即使陷入不幸的事件或状况，经过一段时间后，也可以从容应对。假设某一天，你中了彩票一等奖，一夜之间变成有钱人，这种幸福感也不会永远持续下去。你马上就会习惯这种状态。

结果，你会不满足自己只是“小有资产”的状态，希望可以获得更多的金钱。如果通过健康的经济活动稳妥实现这个目标，是没有问题的，但人们往往逞强，去承担超过自己可承受范围的风险，结果甚至会导向自我毁灭。

京都的龙安寺有一个刻着“唯吾知足”字样的洗手池。读作“われ（ware）ただ（tada）たる（taru）しる（siru）”。“这些已经足够了”“我已经吃饱了”——我们应该保有这种悠闲的心境。

“唯吾知足”是释迦牟尼世尊的教义。可以解释为“懂得满足的人，心情平静；不懂得满足的人，心绪不宁”。现代日本人很难理解“唯吾知足”这句话。因为很难理解，所以我们才更应该侧耳倾听。

所谓贫穷的人，并不是那些一无所有的人，而是虽然拥有很多，却还想要更多，永远无法满足的人。千利休常常提到茶道的心得，即“屋，能遮风避雨；食，能饱腹；足矣”。只准备必要的物品和数量，茶沏好后，先供奉神明，然后为客人沏茶、献茶，最后才是自己品茶，这种利他的精神就是我们自己的幸福，“自利利他”的心态是非常重要的。

笔者希望，当人们确保自己某种程度的财务自由时，就感到非常满足。贪得无厌地追逐金钱，意味着你已成为金钱的奴隶。我们获得金钱的目的，是为了摆脱金钱的束缚，获取自由。

## 享受人生的风险

本书曾提到，应该降低风险。因为当我们利用现金流量得出物品的价值时，风险越低，价值越高。从经济合理性的角度考虑，商业活动和投资对象的风险越低越好。

那么，在我们的人生中，是否也应该规避风险呢？被问到“你想要波澜万丈的人生吗”，任何人都会犹豫。因为人会尽可能寻求安定的生活。

但是，每天都反复经历相同的事情、没有任何风险的生活就是充实的人生吗？我很难就人生和风险的关系给出唯一的定义，但如果不怕误解，我会说，存在某种程度的风险，我们的人生才会更加充实。

人生的价值和期权一样，都是由起点（出生时）到终点（死亡时）期间绕了多少远路决定的。为了在有限的生命中尽情享受人生，我们要承担风险，走过生命中的高峰和低谷，这样才能品味到超越寿命的人生。

当然，不能去冒致命的风险。我们应该在慎重管理风险的同时，活出更好的人生。幸运的是，只要我们生活在日本，就可以享受保障生命和最低限度生活的安全网。我们有养老金、低保这些充实的社会基础设施，这就像是拥有了期权一样。

如果国民仅依靠非劳动所得生活，国家就会崩溃；同样，人们如果不承担风险，国家就只能获得国债利息的收益，也会走向灭亡。没有风险，就没有发展。

“少年哟，要胸怀大志。”笔者认为，这份大志就是勇敢挑战不确定性的精神。但是，笔者是现实主义者，不推荐大家鲁莽承担人生的风险。而是希望大家可以掌握本书中提到的提高价值、控制风险的技巧，活用它。

# 后　记

我从学校毕业、步入社会，先是进入日本的银行，又转战外商投资银行，现在自己创业经营公司，一直都在从事金融类工作，也都和金钱有关。

因为工作需要，我学习、运用金融理论、概率论和统计学。阅读了大量金融学和经济学的书籍和论文，也学习了风险管理和行为经济学。

每一天，我在处理和金钱相关的工作、接触和金钱相关的理论和研究时，都会很在意如何让更多的人——普通的企业职工、社会人士，也可以了解金融的世界。

序言中我提到，虽然不存在和金钱毫无关系的人，但也不能说我们在金钱方面是很有智慧的。金钱是非常方便的工具，同时，它也是非常危险的东西，我们在使用时必须加以注意。

幸运的是，关于金钱的理论、研究和方法取得了非常大的进步。但是，很多知识只有金融界的专业人士在使用。

我们从猿猴进化为人，辛辛苦苦获得的理论、方法究竟是什么，又有什么价值，这些知识必须由专业人士传递给更多的人知晓。

实际上，关于金融的书籍非常多，其中也有很多好作品。但是好的作品很有嚼劲，并不是任何人都可以轻易看懂的。另一方面，以普通读者为对象的金融类启蒙书也有许多，虽然其中有很多好作品，但过于追求通俗易懂，只介绍了广大金融理论的一小部分，没能展示金融界全像。

金融理论、概率论、统计学、行为经济学等关于金钱的理论、方法究竟有什么意义？它们彼此间有什么关系？难道就没有一本可以展示金融界全像，简洁明了且通俗易懂的书吗？我抱着这种想法，开始执笔写作本书。

在这个过程时，日经 BP 社的谷岛宣之先生给我提供了许多建议，弥补了我文笔上的不足。同时，我还得到了小林英树先生关于出版的各种建议。

此外，在写作本书时，我还在日经商业在线上开设专栏，连载“野口真人的日常经济学：轻松的经济学建议”。本书第二章的内容，就是专栏中的《三分钟知晓自家房屋“合适价格”的方法》一文润色修改而成的。

与本书内容有关的一些日常案例，如果读者想要了解更加详细的说明，可以去看一看我的专栏。我也希望能够在专栏上回答本书读者提出的问题。

如果读者们在阅读本书后，对金融产生兴趣，希望大家可以触类旁通，阅读更多更好的作品，继续学习关于金钱的知识。我会将写作过程中的参考书籍列表附于书后，供大家参考。

2014 年 10 月 27 日

野口真人

# 参考书目①

1. 彼得·L. 伯恩斯坦著，穆瑞年、吴伟、熊学梅译：《与天为敌：风险探索传奇》，北京：机械工业出版社，2010 年 4 月 1 日第 1 版。（Peter L. Bernstein, *Against the Gods: The Remarkable Story of Risk*, Wiley, 1998.）

2. 丹尼尔·卡尼曼著，胡晓姣、李爱民、何梦莹译：《思考，快与慢》，北京：中信出版社，2012 年 7 月 1 日第 1 版。（Daniel Kahneman, *Thinking, Fast and Slow*, Farrar, Straus and Giroux, 2011.）

3. 丹尼尔·卡尼曼著，友野典男监、山内亚由子译：《丹尼尔·卡尼曼：讲述心理与经济》，东京：乐工社，2011 年。（Daniel Kahneman, ダニエル・カーネマン心理と経済を語る，楽工社，2011。）

4. 兹维·博迪、罗伯特·C. 默顿、戴维·L. 克利顿著，曹音、曹辉译：《金融学》（第 2 版），北京：中国人民大学出版社，2013 年 1 月 1 日第 1 版。（Zvi Bodie, Robert C. Merton, David L. Cleeton, *Finance*, Prentice Hall, 1999.）

5. Sharon Bertsch McGrayne, *The Theory That Would Not Die: How Bayes' Rule Cracked the Enigma Code, Hunted Down Russian Submarines, and Emerged Triumphant from Two Centuries of Controversy*, New Haven: Yale University Press, 2011.

6. 纳西姆·尼古拉斯·塔勒布著，万丹译：《黑天鹅：如何应对不可预知的未来》，北京：中信出版社，2011 年 10 月 1 日第 3 版。（Nassim

① 为了便于读者寻找对应的图书，本书参考文献已将日文译本改为中文译本，如无中文译本则为原版。——编者注

Nicholas Taleb, *The Black Swan*, Random House, 2007.）

7. 阿里 · 基辅著，罗曼、姚雯静、朱国裕译：《对冲基金大师：顶级交易员如何制定目标、克服困难并收获成功》，上海：上海财经大学出版社，2011 年 9 月 1 日第 1 版。（Ari Kiev, *Hedge Fund Masters: How Top Hedge Fund Traders Set Goals, Overcome Barriers, and Achieve Peak Performance*, Wiley, 2005.）

8. 多杰 · C. 布洛迪著：《上班族的金融工学：风险和保值的正确观点》，东洋经济新报社，2005 年。（Dorje C. Brody：ビジネスマンのための金融工学～リスクとヘッジの正しい考え方，東洋経済新報社，2005。）

9. 克里斯托弗·查布利斯、丹尼尔·西蒙斯著，段然译：《看不见的大猩猩》，北京：中国人民大学出版社，2011 年 1 月 1 日第 1 版。（Christopher F. Chabris, Daniel J. Simons, *The Invisible Gorilla: How Our Intuitions Deceive Us*, Harmony, 2011.)

10. 列纳德 · 蒙洛迪诺著，赵崧惠译：《潜意识：控制你行为的秘密》，北京：中国青年出版社，2013 年 5 月 1 日第 1 版。（Leonard Mlodinow, *Subliminal: How Your Unconscious Mind Rules Your Behavior*, Vintage, 2013.）

11. 查尔斯 · 惠伦著，曹槟译：《赤裸裸的统计学：除去大数据的枯燥外衣,呈现真实的数字之美》，北京：中信出版社，2013 年 10 月 20 日第 1 版。（Charles Wheelan, *Naked Statistics: Stripping the Dread from the Data*, 2013.）

12. 斯蒂芬 · 都伯纳 、斯蒂夫 · 列维特著，刘祥亚译：《魔鬼经济学》，广东：广东经济出版社，2007 年 7 月第 1 版。（Stephen J. Dubner, Steven D. Levitt, *Freakonomics: A Rogue Economist Explores the Hidden Side of Everything*, William Morrow, 2005.）

13. 佛里克 · 韦穆伦著，孙忠译：《管理的真相》，北京：中国财政经济出版社，2012 年 10 月 1 日第 1 版。（Freek Vermeulen, Business Exposed: The Naked Truth about What Really Goes on in the World of Business, Pearson

Education Canada, 2010.）

14. 艾丽斯·施罗德著，覃扬眉、丁颖颖、张万伟等译：《滚雪球：巴菲特和他的财富人生》，北京：中信出版社，2013 年 7 月 1 日第 2 版。（Alice Schroeder, *The Snowball: Warren Buffett and the Business of Life*, Bantam, 2009.)

15. 友野典男著：《行为经济学：经济运行靠“感情”》，东京：光文社，2006 年 5 月。（友野典男：行動経済学——経済は「感情」で動いている，光文社，2006。）

16. 小岛宽之著：《你一定爱读的极简统计学：再精简下去，就不是统计学了！》，东京：钻石社，2006 年 9 月。（小島寛之：完全独習統計学入門，ダイヤモンド社，2006。）

17. 丹·艾瑞里著，赵德亮、夏蓓洁译：《怪诞行为学：可预测的非理性》，北京：中信出版社，2010 年 9 月 1 日第 1 版。（Dan Ariely, *Predictably Irrational: The Hidden Forces That Shape Our Decisions*, Harper Perennial, 2010.）

18. 本川达雄著，乐燕子译：《大象的时间，老鼠的时间》，海口：南海出版公司。（本川達雄：ゾウの時間 ネズミの時間——サイズの生物学，中央公論社，1992。）

# 出版后记

人类使用金钱，把金钱作为一种工具，是为了更美好的生活，但数千年来却反被金钱束缚。如今，我们时时刻刻都在和金钱打交道，现代城市中的人若没有金钱，将无法生存。我们对金钱的追捧也达到顶峰，所有的成功学都必然伴随着追求财富。我们也感受到了资本的力量，金融业用金钱掀起滔天大浪。那么，金钱和财富到底存在何种关系，我们又该如何驯服金钱呢？阅读本书，相信你会找到一些答案。

本书作者野口真人是日本金融和证券方面的专家。在本书中，他基于金融学、行为经济学、概率论和统计学的理论，系统地总结了关于商品的价值和价格、现金流量和现值、时间对价值的影响、概率在决策中的作用、风险和回报的选择等知识，有助于读者了解如何使用金钱，怎样进行投资，如何应对不确定性等。我们每天的金钱支出，哪些是投资，哪些是消费，哪些又是投机？钻石的价格是如何决定的？房价在什么位置是合理的？高档商区的消费为什么高于其他地方？我们如何感知时间，时间对我们的经济行为又会产生怎样的影响？概率会如何影响我们的判断？如何通过风险和回报制定投资决策？为什么现金不会创造价值，只有人才能创造价值？诸如这些问题，本书一一给出了解答。

正是有感于市场上缺乏深度和广度兼具的金融启蒙类书籍，作者写作了这样一本书，用通俗的语言，生活化的场景，为我们介绍了金融学的全像，让我们深入了解金钱对于人们的意义。在此基础上，我们得以揭开面纱，发现金钱的真相，更恰当地看待金钱在人生中的位置，更理性地对待金钱。

正如本书所说，现金是死的，人才是最重要的，因为人能产生现金流量。同样，我们也要在慎重管理风险的同时，活出更好的人生。对待金钱，我们要牢记现金流量、时间价值和不确定性，这些概念是发现事物真实价值的关键。

服务热线：133-6631-2326 188-1142-1266

读者信箱：reader@hinabook.com

后浪出版公司

2016 年 4 月

图书在版编目（CIP）数据

学会花钱 / (日) 野口真人著；谷文诗译.
—南昌:江西人民出版社, 2016.7（2020.11重印）

ISBN 978-7-210-08304-7

Ⅰ.①学… Ⅱ.①野… ②谷… Ⅲ.①财务管理—通
俗读物 Ⅳ.①TS976.15-49
中国版本图书馆CIP数据核字(2016)第070965号

OKANE WA SARU WO SHINKA SASETAKA written by Mahito Noguchi.



Originally published in Japan by Nikkei Business Publications, Inc.

Simplified Chinese translation rights arranged with Nikkei Business Publications, Inc. through Bardon Chinese Media Agency.

本书中文简体版由后浪出版咨询(北京)有限责任公司出版。

版权登记号：14-2016-0062

**学会花钱**

著者：[日]野口真人　译者：谷文诗

责任编辑：陈　茜

出版发行：江西人民出版社　印刷：北京天宇万达印刷有限公司

690 毫米 ×960 毫米 1/16　印张：11　字数：115 千字

2016 年 7 月第 1 版　2020 年 11 月第 5 次印刷

ISBN 978-7-210-08304-7

定价：36.00 元

**赣版权登字 -01-2016-134**

---

后浪出版咨询(北京)有限责任公司常年法律顾问：北京大成律师事务所

周天晖 copyright@hinabook.com